农家书屋
NONG JIA SHU WU

U0194934

《中国粮油地理探秘》
编　纂　裴会永　白　俐

《中国粮油新视点》
编　纂　裴会永　白　俐

《中国粮油财富解码》
编　纂　张宛丽　任　敏

《中国粮油产业观察》
编　纂　石金功　宋立强

《中国粮油人物志》
编　著　王丽芳

ZHONGGUO LIANGYOU DILI TANMI

中国粮油地理探秘

主　编　陶玉德
副主编　刘新寰
编　纂　裴会永　白　俐

河南大学出版社

图书在版编目(CIP)数据

中国粮油地理探秘/陶玉德主编. —开封:河南大学出版社,2011.1
ISBN 978-7-5649-0367-1

Ⅰ.①中… Ⅱ.①陶… Ⅲ.①粮食—经济地理—中国 Ⅳ.①F326.11

中国版本图书馆 CIP 数据核字(2011)第 015093 号

责任编辑 谌洪波
责任校对 张 丹
整体设计 王四朋 王小娟 王 勃
插　　图 王小娟 王 勃

出版发行 河南大学出版社
地址:河南省开封市明伦街 85 号　　邮编:475001
电话:0378-2825001(营销部)　　网址:www.hupress.com
排　版 郑州市今日文教印制有限公司
印　刷 郑州文华印务有限公司
版　次 2011 年 1 月第 1 版　　**印　次** 2011 年 1 月第 1 次印刷
开　本 787mm×1092mm 1/16　　**印　张** 12.75
字　数 272 千字　　**印　数** 1—27000 册
定　价 25.00 元

(本书如有印装质量问题,请与河南大学出版社营销部联系调换)

总序
/FOREWORD

认识粮食　感知中国

中国文明史虽说非常古老，但粮食的起源和种植却远远长于5000年的历史。在中国农业发展的不同时期，五谷、六谷、九谷甚至百谷，交替成为粮食的代名词。唯一不变的是粮食的价值。

国以民为本，民以食为天。粮食在中国历史、文化、经济的发展中一直占据重要位置。小到人们的日常生活，大到政治事件、国与国的多数军事行动，都与粮食有着或明或暗的牵连，如秦始皇统一度量衡、曹操的官渡坑降、清军入关……粮食在其中扮演着一个隐形的、无台词的主角。

随着工业革命和科技革命的兴起与发展、现代化和信息化进程的日新月异，中国农耕文明逐渐嬗变，并向着农业现代化高速前行。在经济形态不断变革的新形势之下，粮食经济拥有的自身属性与产业链条都在发生质的变化。

一

英国人拉吉·帕特尔的《粮食战争》一书，让人们看到一场另类的没有硝烟的“战争”——粮食不仅仅是一种生存资源，而且成为一种战略武器。

粮食在快速的贸易中被市场化，在高速的科技更替中被高产化、转基因化；粮食本来是必需品，但在全球量化宽松时代，粮食的金融属性更加凸显，成为资本逐利的投资品；粮食作为“白金”已成为新的泛货币化的价值符号，并在全球流动性泛滥的情况下，推动国际大宗商品价格屡创新高……谁控制了粮食，谁就拥有了资本，谁就能控制整个世界，这让人不寒而栗。

对于中国这个拥有世界1/5人口的国家，粮食战略与安全显得尤为重要。杂交水稻之父袁隆平曾直言,中国的粮食安全是"一场输不起的战争"。农业部部长韩长赋亦再三呼吁,中国人的饭碗必须牢牢端在自己手里。

虽说中国农产品自给率很高,粮食也连续7年增产,缔造了世界的奇迹,但我们的粮食生产却依然面临着耕地短缺、基础设施不足、自然灾害增多、环境(土壤、水质)污染加重、市场资本化与科技化羸弱的不利局面,粮食供给仍处于紧平衡状态,品种结构和地区分布也不平衡。粮食安全仍然是一个不可掉以轻心的重大战略问题。

对此,我们有过不堪回首的太多太沉重的记忆。且不说20世纪50年代末对粮食产量的虚报浮夸,也不提三年困难时期粮食匮乏对国人的致命威胁,近30年来,我们有过圈地导致耕地急剧减少的教训,有过缩减种粮面积造成抛荒或"双改单"的失误,有过无视国情以生物质燃料替代原油而造成的苦果,有过面对特大自然灾害难以抵御的几分无奈。"七连增"之前一年——2003年全国粮食产量跌至8614亿斤即为例证。

"我们要有忧患意识,始终保持清醒的头脑。同时,又要树立信心,信心就像太阳一样,充满光明和希望。"站在新的历史起点上,温家宝总理再次以坚定的语气,向世界传递出中国政府的自信和清醒。

谁知岁丰歉,实系国安危。在世界粮食危机愈演愈烈的当下,对于粮食之价值与国情,我们理应清醒认知。

二

粮食如此重要,因此我们必须对粮食的生产者——农民给予高度的敬重,对他们的生存生产现状给以清醒的分析和认识,以保证他们合理的利益诉求,调动他们生产粮食的积极性。

农民与粮食是天然不可分割的。但随着时代的发展,农民的生存状况与过往不可同日而语。过去,农民是"纯粹"的农民,日出而作,日落而息,一辈子被紧紧地拴在一小块土地上;现在,随着城镇化进程的提速,许多农民走进工厂车间、建筑工地,成了城市建设和工业化的一分子,更不乏买房置业者,脱离了农村户口,成了城市市民。

农村劳动力减少导致的直接后果就是农田的抛荒和农业的减产。

为了改变这种局面,国家出台了一系列惠农政策:免除农业税,提高粮食收购价,补贴农民种粮,加快水利基础设施建设……这在一定程度上提高了农民的种粮积极性,农民重新回归久违的土地。

这期间,新生代农民悄然兴起。与祖辈显著不同的是,他们不再满足面朝黄土背朝天的生活状态,不再固守传统的种植方式,有文化、懂技术、会经营成为新生代农民的显著特征,"职业农民"成为他们的耀眼名片。

他们中一些人借助土地流转的机遇,成了远近闻名的种粮大户;一些人依托高效农业和科技产品，让土地生出了“黄金”；一些人从粮食深加工中，破解了财富的密码。他们从五谷中体验到成功的快感，并以燎原之势，带动着整村、整乡、整县的农民依托粮食脱贫致富，奔上小康之路。

但是，随着城镇化、工业化建设的加速，农业生产又面临着一些新问题：一方面是耕地不断减少，18亿亩耕地红线几近逾越，保障粮食生产的条件岌岌可危；另一方面是农业比较效益低，种地产粮不挣钱，成为亟待解决的农业难题。

为了解决中国的粮食供给安全问题，必须创造条件，从源头上保证粮食的生产安全。而这一切有赖于正确处理各种矛盾，保证粮食生产的主体——农民的合理利益，培育知识化、职业化的农民。毕竟扎根广袤土地的知识化、职业化的农民最终将成为缔造中国粮食安全的基石。

三

由于历史原因，我们的粮食经济研究起步较晚，基础较为薄弱，存在着重宏观轻微观、重生产轻流通、重开发轻保护等方面的缺陷。系统梳理中国粮油生产、流通、加工、消费全链条，有利于人们在特定的案例中找出普遍的规律，认清客观的形势。

在几千年的农业实践中，中国粮食生产流通经历了若干不同的发展阶段，从刀耕火种到现代化种植，从以物易物的简单交易到现货、期货、资本综合并存的现代化贸易，从部落内交易到国内贸易再到世界范围内的贸易……现在粮食以及引发的粮市、粮世、粮势都与以往千差万别，但我们大部分人对粮食的认知还多简单地停留于糊口上。

作为全国唯一一份粮油行业大报，《粮油市场报》自1985年创刊以来，肩负为耕者谋利、为食者造福的使命，秉持信息食粮、财智向导的办报理念，一直以新闻的力量，执著耕耘于这片广袤的土地。在记录与见证粮食经济发展变革的过程中，我们越发感到粮食形势的多变和信息的重要性，也越发感到肩上的责任之重。

谷贱伤农，贵则伤末。“豆你玩”、“蒜你狠”、“姜你军”，由农产品上涨而引发的相关行业商品价格“水涨船高”，已直接地影响了我们每个人的生活。随着气候变化、人为炒作等因素影响的加深，刚性需求的加强，全球粮食危机的加剧，明天的不确定性也日益加重。粮食的价值与作用、种植与管理、流通与加工、消费与利用、开发与保护，都需要我们重新来解读、认知。

由《粮油市场报》联合河南大学出版社策划推出的“中国粮油书系”，以时代为经，以粮食生产境况、产业发展动态、粮油企业智慧、专家新锐视点、粮食经济地理为纬，突出诠释了当前粮食发展的重点、特征和演变，深入探讨了国家粮食安全、农产品价格以及“三农”等焦点话题，在真实、客观地反映中国粮食经济腾跃图景的同时，也向社会呈现了发展中出现的各种问题与难题。

只有了解粮食的人越多，对“米袋子”工程重视程度越高，才能真正消除粮食安全隐忧，实现民富国强。如果你希望享受丰富的物质生活，那么，就更应该具备以战略思维来看待粮食的智慧和眼光。

只有珍视粮食的价值，珍视农民的力量，我们才能读懂中国粮情国运，我们才能在广阔的天地里，畅快淋漓地品味五谷的芳香，汲取这些来自人与大自然合力带来的惠赐。

五谷杂粮诉说地缘传奇

粮食作物是人类作为主食食用的作物，它包括：以籽实为收获物的谷类作物，如水稻、小麦、大麦、燕麦、黑麦、小黑麦、玉米、高粱和谷子等；以种子供食用的作物，如大豆、小豆、蚕豆、豌豆、绿豆和扁豆等；以块根和块茎为食用部分的作物，如甘薯、木薯和马铃薯等。

作为世界重要的产粮国之一，世界各种主要粮食作物几乎都见于中国。

中国栽培较普遍的粮食作物有20余种，以稻谷、小麦、玉米、高粱、谷子、薯类、大豆等为主，其中稻谷、小麦、玉米分布最广，产量最多。由于幅员辽阔，气候、土壤、水质差异，同样作物在中国南北、东西之间呈现不同的特征，有些作物还有春播、夏播、秋种和冬种之分，而每种作物又有不同的品种。因生产水平不一，同一作物产量地区之间也千差万别。

改革开放30多年来，中国粮食经济发生沧桑巨变。用经济地理学的区域发展、生产布局的理论来分析与研究粮油经济问题，显得十分迫切和必要。

《中国粮油地理探秘》一书是从2010年《粮油市场报》“中国粮油地理万里行”系列报道中精心挑选出的相关专题文章，从这里我们可以清晰地看到异彩纷呈的中国粮油作物大世界。

这里，以“鲜活的事例、精彩的故事、厚重的人文、诗意的表达、理性的解读”，挖掘粮油种类品系、农产品地理标志、经济作物的魅力基因和特色，突出展现中国粮食经济区域、省际、城市、县域等独特的新经济地理及地域经济脉动，既是自然地理，亦是经济地理，更是人文地理。

这里，案例选择独到、分析透彻，具有浓郁的实证特色，形成了涉及产业类型多、覆盖区域范围广、区域级别相对完备、处于不同演化阶段的个案体系。结合不同案例特定的区位条件、资源优势、制度文化、产业传统等地缘属性赋予的发展条件和路径差异,通过历史、人文、自然和科技的视角,阐明典型粮食产业集群的特征,探寻其发展背后的偶然与必然,勾勒其未来发展新坐标。

这里,不仅是了解中国粮油生产、市场、产业化的一个窗口,亦是彰显地方特色、塑造城市品牌、丰富中国粮油地理知识,为其学科发展提供研究素材的一个渠道,更是丰富粮油生产、深化粮食流通市场化改革、加强宏观调控、确保国家粮食安全的重要阵地。其产品架构采取条块结合、纵横结合、宏观和微观结合、理论和实践结合的方式,可以说是个百变魔方,能够全方位多角度、积极而具有建设性地反映中国粮油产业布局的现状、成就和发展趋势。

一份以内容制胜的系列报道,"贩卖"的不仅是隽永的文字、精美的图片,更是引人思索的真知灼见。

从东北到东南,从西北到西南,"中国粮油地理万里行"推出一年多来,记者欣赏了白山黑水、大漠孤烟,领略了稻海扬波、麦浪连天,走访了20多个省、市、自治区,大半个中国;既精心报道了江苏兴化、安徽萧县、黑龙江北大荒、湖北京山、江西新干等粮油产业集群,也工笔勾勒出我国花生、油菜、油茶、核桃、青稞、燕麦等粮油品种生产加工流通大格局。

"中国粮油地理万里行"系列报道推出以来,在业内反响良好,多省市电称报道对当地粮食产业发展具有借鉴意义,并推荐众多典型。从事粮食经济地理研究的一些专家学者对做好系列报道非常关心,多次提出指导性意见,并对其中佳作予以肯定。不少读者来电、来函建言献策,希望报道能够持续进行。

中国粮油地理博大精深,作物种植奥妙无穷。我们深知,无论走访多少个地方,挖掘多少个故事,始终只能捕捉到其中的冰山一角。但我们不会裹足于万里征程,希望继续通过更多区域样本的解读,促进更多独特的地方作物资源转化为现实的生产力。

编　者

目录/CONTENTS

江苏兴化

安徽萧县

山西岢岚

宁夏灵武

黑龙江齐齐哈尔

陕西横山

江西新干

辽宁阜新

重庆铜梁

Part 1

江苏兴化

兴化的“五彩世界”

·胡增民·

以“鱼米之乡”闻名全国的国家级生态示范城市——江苏省兴化市，年产粮食近130万吨，连续6年荣获“全国粮食生产标兵县、先进县(市)”称号；养殖水面75万亩，年产淡水产品22万吨，连续19年荣登江苏各县市冠军宝座，荣膺“中国螃蟹养殖第一县”称号；年产蔬菜100万吨，是亚洲最大的脱水蔬菜生产基地。更让业内人士关注的是，兴化集中出现5个国家地理标志保护产品和5个农产品商标，这在全国绝对是“凤毛麟角”。

兴化是华夏大地江淮之间的水乡明珠，位于“长三角”经济带北缘。兴化古称昭阳，又名楚水，春秋战国时代为吴、楚之地。

兴化真正出名的，还是近年来以打造生态兴化为目标的现代高效农业。市区有一条丰收路，让人自然就想起了广袤的大地和沉甸甸的收获。这里，天是蓝的，即使在冬日的夜晚，抬头望去月明星稀，那蔚蓝的天空就像大海。

更让业内人士关注的是，兴化集中出现5个国家地理标志保护产品和5个农产品商标，这在全国绝对是“凤毛麟角”。兴化的红皮小麦、面粉、大米、大闸蟹、青虾和香葱构成了一幅绝妙的红、白、黄、青、绿的“五彩图”。

一条龙为红皮小麦“点睛”

兴化市委、市政府确立了“把农业作为工业办”的理念，大力发展设施农业、高效农业，大力培植高科技的农产品加工企业，把资源优势转化为产品、商品优势，造福百万农民。

先后6年获得全国粮食标兵县、先进县的兴化市，年种植红皮小麦120万亩。为让百万亩红皮小麦更“红”起来，兴化市利用多种渠道宣传推介产品的优势。市政府三次主办兴化优质中筋红皮小麦产业论坛，邀请全国著名的小麦种植、制粉方面的专家教授研讨、授课，有效地提升了社会对该市红皮小麦内在品质利用的认知度和知名度。自国家实行托市粮拍卖后，该市红皮小麦的拍卖价在同类品种中始终是最高的。

说到兴华红皮小麦的发展，不能不说楚龙面粉有限公司。这个省级产业化龙头企业，为红皮小麦和兴华面粉产业的“走红”立下了功劳。

据了解，楚龙公司已先后开发出了“康师傅”、“华丰”方便面专用粉，星级酒店用中高档面包粉、蛋糕粉、萨琪玛粉等系列产品，公司产品销往华东、华南等地区，成为顶益集团6家下属公司的直接供应商，同时也是华丰集团下属4家分公司的独家供应商，从而拉长了兴化“红皮小麦经济”产业链，将红皮小麦“磨”成了大产业。

在兴化开发区，老远就能看见一排排崭新的厂房泛着银光，一根高大的烟囱冒着缕缕青烟。这是金光集团AFP珠海市华丰食品工业(集团)有限公司兴化分公司。

“华丰选择兴化，一是当地的红皮小麦适合生产干脆面。二是地域优势。兴化地处长三角地区，2006年选点时，曾经看过几个地方，但兴化综合优势明显。三是当地政府支持。华丰投资模式是与当地合作经营，土地、厂房由政府提供，设备、品牌、市场、经营由华丰来做。”厂长李东涛对记者说。

国内面粉行业的“龙头老大”五得利集团也看中了兴化的“风水”，投资达1.4亿元。

“除了看好兴化红皮小麦，还看中了这里水运、陆运方便的条件，特别是水运成本低，便于把产品打入长三角的上海、苏锡常、浙江等地。”五得利集团兴化面粉有限公司办公室主任徐同心说，“另外，麸皮、次粉还能就地消化，兴化是养殖大县，新希望、海大饲料等也纷纷入驻，副产品不愁销路”。

一粒米熬全国最大“粮市”

“往往农业大县的农民并不富裕，粮食生产的低效益与农民增收追求的矛盾，一直困扰和制约着农业的发展。”兴化市委书记贾春林说，我们产粮大县既要顾全大局，确保粮食稳产增产、有效供给，又要做到农业增效、农民增收，粮食生产也才能持久稳产增产。

近年来，兴化市落实中央省市稳粮增粮政策的举措纷纷出台，各级组织和农民创造和创新的增粮增效新招层出不穷。2009年，兴化135万亩水稻平均单产603公斤，获得了连续6年的持续增产。秋收时节，站在兴化市昌荣镇盐北村村头，一辆辆拖拉机、小卡车频繁开进开出，它们或满载粮食缓慢前行，或空车呼啸而去，一派繁忙景象格外壮观。据兴化农口部门介绍，兴化水稻种植面积比上年增加了1万多亩，总产量增加了2100多万斤，全市农民都忙着卖粮收钱呢！

从2008年秋播开始，兴化在周庄、钓鱼、获垛、新垛等乡镇大范围推进粮食高产高效创建活动。各乡镇选择交通方便、农田基础设施完善、辐射带动能力较强的村组建设粮食丰产方，核心方连片规模化面积在1000亩左右，并登记造册到户，辐射面积达万亩以上。

通过高产高效示范基地建设，目前，兴化市水稻生产实现了单产稳定800公斤的连续攻关成功。2008年钓鱼镇姚家村超高产攻关方单产每亩894.9公斤，创造了稻麦两熟条件下水稻单产百亩方单产全国纪录；在小麦生产上，全市涌现出了一批单产在580公斤以上的攻关田、单产550公斤以上的百亩方、单产500公斤以上的千亩片和单产490公斤以上的万亩区。

"为使粮食生产销得掉、销得俏，兴化大力实施品牌战略，全市已打造兴化'蟹田'大米等20多个绿色品牌，建起了10多个大型粮食市场。其中，戴窑粮食市场的年销售额达25亿元，被国家统计局认定为全国最大的粮食市场。"兴化市农业局有关人士介绍说。

一汪水引得虾蟹稻"共生"

兴化市在2393平方公里的总面积中，水域面积占了近1/4。每年的水稻种植面积在135万亩左右。

稻田里搞"立体种养"。兴化市引进、总结了稻田养鸭、鸡、鱼、虾、蟹和种植水生蔬菜等10多种模式，采用多种形式向农民推广，做到既要增产，又要增收，种粮也要种出高效益，农业也要长出"摇钱树"。

荻垛镇的泰州蒲公英农业科技发展公司有570亩"稻鸭萍"共作。董事长郭兆芹说，"稻鸭萍"共作就是在水稻田里养鸭、养绿萍，稻子在生长期中，不使用农药、化肥，鸭粪、绿萍成了稻子的肥料，鸭子在稻田里觅食，吃了不少虫子，也省去了农药。

隆冬时节，在兴化市燎原养殖公司的千亩生态"扣蟹"养殖场内，可以看到十几个身穿摸鱼用的皮衣的农民涉在齐腰深的水中，用带柄的网兜捞起只只张牙舞爪的小蟹。

兴化市副市长顾国平介绍说，全市像这样实行生态养殖的农业园区已达26个，总投资1.8亿元。运用行政和经济杠杆、调整产业结构、实行规模化集约经营的这种园区农业，已经成为兴化"三高"农业的新亮点。

兴化市利用稻田的沟渠、鱼塘的池埂、开发的荒滩大力发展水生蔬菜，让水中长出"一桌菜"。缸顾乡2009年新发展荸荠近千亩。该乡100多位农民经纪人在上海曹安等市场租下摊位，经营加工"清水马蹄"等水生蔬菜，人均收入超过两万元。全乡常年从事水生蔬菜经营的人数约4000人。

不仅水长，更有水养。兴化特色在"农"，优势在"水"，河湖纵横，全市各类水产养殖面积75万亩。

近年来，兴化市突出发展特色优势品种，大力推进鱼、虾、蟹养殖，引进和推广10多种地方特色品种和国内外优良品种，实施了20多个省和国家级渔业科技项目，形成了43万亩无公害水产品生产基地、5万亩绿色水产品生产基地和1万亩有机水产品生产基地，已建设渔稻共作和蟹鳜混养、鱼虾混养、青虾高效生态养殖4个全国农业标准化示范区及40万亩江苏省高效渔业规模化示范区。中国渔业协会河蟹分会授予兴化"中国河蟹养殖第一县"称号。

全市已培植泓膏、板桥、金香来、中庄等10个在省内外有影响的"兴化大闸蟹"知名品牌，"兴化大闸蟹"获得地理标志和集体商标使用权。兴化大闸蟹已远销俄罗斯、日本、韩国和我国的香港、台湾等地区。2009年,全市河蟹养殖面积65万亩,预计产量在4.2万吨以上。

一棵葱瘦身苗条变“千金”

阳春三月好风光,如果你走近兴化广阔的田野,定会因一阵阵浓郁的葱香扑鼻而驻足。公路上,运葱的卡车络绎不绝;河道里,装葱的大船马达轰鸣。

据兴化市政府负责同志介绍,全市香葱的种植面积已达22万亩,年产鲜葱50万吨,有120多家香葱加工企业,20万人从事香葱的生产加工,每年给农民带来5亿多元的收入。

南京野生植物研究所、日本株式会社、兴化中野食品有限公司,都看好这里优质香葱等蔬菜资源,投资8000万元组建了“兴野”公司,全面采用FD冻干先进技术,制成的食品保持了食品的色、香、味、形,不需要冷藏设备,只要密封包装就可在常温下长期贮藏、运输和销售,三到五年内不变质。

台湾顶新国际集团则投资2000万元美金在兴化香葱主产区建立了顶芳脱水食品有限公司,按国际标准生产“康师傅”方便面配料。公司与6000多位农民签订了常年产销合同,农民的菜田成为公司的“绿色车间”。

多少年来,兴化农副产品加工走的是“稻子剥个壳,猪子捅一刀,蔬菜去个根,醉蟹过年卖”原料工业之路。兴化市委书记贾春林多次强调,改变这种“原料经济”的加工模式,大力提升农副产品加工的科技含量,让农民真正鼓起“钱袋子”。

兴化市从“第一车间”抓起。该市农业、水产、林牧等职能部门与江苏省农科院、南京农业大学、扬州大学农学院以及部分外省市科研院所建立了稳固的科技合作关系,获得了以兴化香葱为主体的一系列具有自主知识产权的技术成果,研究和制定了近20个蔬菜生产的技术规程和产品标准。

目前,兴化全市120多家蔬菜加工企业中获自营出口权的6家,通过ISO9000质量认证的企业12家,已经形成12万亩香葱生产基地,5万亩包菜、青梗菜生产基地和4.8万亩水生蔬菜生产基地。2001年兴化被农业部确定为全国园艺产品出口示范基地,已成为亚洲最大的香葱生产和脱水蔬菜加工基地。

兴化人用勤劳的双手,已经在这片神奇的土地上勾画出壮丽画卷,但他们并未止步,仍在高擎画笔为“五彩世界”添彩。

兴化红皮小麦何以“红”

•胡增民•

孤木不成林，孤雁不成群。

兴化市依托当地红皮小麦的自然资源优势，注重完善从种植到管理、从收购到储存、从原粮到面粉、从粗加工到深加工、从生产到科研等多个环节的有机结合，延伸了产业发展链条，使红皮小麦真正“红火”起来了。

江苏全省小麦主要是白小麦，红小麦仅占1/5左右。但是地处里下河腹地的有“东方威尼斯”之称的水乡兴化，具有红麦种植天然禀赋，是红麦最具优势的生产区域。

2009年12月27日，兴化市粮食局局长蒋林用浓重的地方口音，一脸笑容地说：“按照国家小麦最低收购价政策，白麦的价格高于红麦，而兴化红皮小麦在网上拍卖的价格，反倒超过了白小麦的价格。”

国家保护

兴化市是全国商品粮生产基地，已连续6年荣获“全国十大粮食生产标兵县(市)”，兴化市也是全国首批1000万亩优质小麦基地建设和示范县(市)之一。该市优质红皮小麦面积稳定在100万亩左右，2009年总产量达48万吨，商品率在95%以上。

2009年5月，国家工商总局商标局批准了以兴化红皮小麦为原料加工生产的“兴化面粉”的集体商标注册。2009年8月，国家质检总局批准对兴化红皮小麦实施地理标志产品保护(公告2009年第81号)，这是兴化红皮小麦发展过程中的一个里程碑，从此，对兴化市现辖行政区域内所产的红皮小麦实施原产地标志保护上升到国家层面。

兴化优质红皮小麦的独特品质，首先得益于兴化特有的气候条件和地理环境。通过统一品种和标准化种植，为稳定小麦品质奠定了良好基础。目前，兴化种植的小麦为扬麦158、扬麦11号、扬麦16号等中筋春性红皮小麦品种，并且建立和实施了一整套的种植技术标准。

兴化市为推进小麦新品种培育和新产品研发，探讨兴化优质小麦产业链的未来发展趋势和方向，从2007年起，已连续三年举办了《中国·兴化优质小麦产业发展论坛》，邀请了中国工程院院士和江南大学、河南工业大学、武汉工业学院等院校专家学者讲学。

“兴化红皮小麦的主要特点是中筋优质，粉色白而细腻，具有特有麦香，是我国传统蒸煮食品如南方面条、馒头、包点等首选优质原料。”根据武汉工业学院博士生导师李庆龙教授的研究，兴化红皮小麦的品质指标优于进口法麦。

卫星监控成长

兴化市依靠科技提高单产，提高品质。他们制定了《无公害农产品兴化市红皮小麦生产技术规程》，重点推广小麦高产高效保优成套栽培技术、小麦抗逆保健栽培技术、测土配方施肥技术与综合植保技术。

“红皮小麦”是该市的特色品种，种植遍布所有35个乡镇。过去，兴化市靠科研人员下田目测和个别采样等手段监测苗情，不仅耗时长、反应慢，而且准确性不高。为了保证该品种小麦的品质和稳定性，兴化市从2006年起在全省率先尝试应用卫星遥感技术监测小麦生长过程。

“一张卫星遥感图，红、黄、橙、蓝几种颜色，就可以测定出不同地区小麦的品质状况，测出小麦叶绿素、氮素、碳素、水分等物质成分含量，实时监控小麦的整个生长过程，做出及时预测预报，指导农民科学种田。”兴化农技推广中心高级农艺师周友根介绍。

尝到了试点的甜头，从2009年起，卫星遥感监测农作物技术在该市大规模推开，实现了行政区域的全覆盖。

根据项目要求，兴化市通过GPS定位，在种植红皮小麦较广的20个乡镇建立了卫星遥感监测试验取样点，分别在小麦的拔节、孕穗、扬花、灌浆、成熟等生长期，利用空中卫星“居高临下”观测小麦长势，并生成“兴化全区域小麦生长图”。

周友根说，这项技术更神奇的是，根据遥感图颜色分布，可测定出不同区域的小麦长势，由此开出不同的肥水“配方”。“比如，卫星遥感测定今年沙沟、李中一带小麦长势良好，每亩田用7公斤尿素就能满足小麦拔节孕穗需要；而在合陈、安丰一带，则不能少于12公斤。”使用卫星遥感技术后，兴化市“红皮小麦”亩均增收35公斤，品质稳定性也得到了持续改善。

拉长链条

延伸产业链条，购销“功不可没”。兴化市国有粮食购销企业现有总仓容达到65万吨，其中，20万吨仓容具备环流熏蒸、低温储粮和电子测温能力，近年来，先后投资数百万元，新建了300吨/日低温烘干小麦设备，2009年小麦收购量达到56万吨，创历史新高，连续5年名列全省第一。

良好的仓储条件有力地保证了兴化红皮小麦储藏品质的稳定，同时也是稳定兴化红皮小麦整体品质和树立品牌形象的重要环节。

“政府着力培植龙头企业，形成地方的特色品牌和产业基地，兴化已经尝到了甜头；小麦协会一手托两家，成了联系农民和市场的桥梁和纽带。”兴化市委书记贾春林既深有感触，又显得十分得意。

“借得东风好行船。”兴化人充分发挥粮食资源丰富的优势，大力发展粮食加工业。近几年来，该市已形成完备的小麦加工、食品制造产业链，拥有年销售过亿元的加工企业3家，销售收入已突破10亿元。

作为江苏省农业产业化龙头企业，江苏楚龙面粉有限公司高昂“龙头”，日处理小麦能力达1400吨，单体产能居江苏第一，产品获中国粮食行业协会“放心粮油”和江苏省“名牌产品”称号。珠海华丰食品工业集团有限公司兴化分公司已投产4条方便面流水线，原料全部采用兴化红皮小麦面粉，日消耗面粉100吨，年产值突破4亿元。

2009年，兴化以龙头企业带动该市小麦新品种培育和新产品研发取得了突破。2009年11月，江苏楚龙面粉有限公司组建的“江苏省红皮小麦新品种选育及新产品研发院士工作站”挂牌运行，它是全国面粉行业唯一的省级企业院士工作站。

殊不知，在院士工作站设立的背后，浸透了不少人的心血和汗水。

兴化市科技局的同志搜集了大量资料，除了向有关部门证明兴化红皮小麦具有原产地优势外，同时阐述这样一个理念：比之工业项目，农业更需要设立院士工作站。他们运用了这样一个比喻，生产一个茶杯，在美国与在中国，只要标准确定，就不会产生偏差。而农业不同，它受土壤、水等资源影响较大，“现场”更为重要。把院士工作站设到田间地头，高端品种的效益才能真正体现。这样一种推介与包装，使得建立兴化历史上第一个院士工作站的计划得以实现。

工作站在小麦育种专家、中国工程院程顺和院士及里下河地区农科所、兴化市农业部门、江苏楚龙面粉有限公司相关方面的专家、技术人员的领导与合作下，开展从小麦育种到面粉食品开发的系列研究。其目标是力争在两至三年内培育红皮专用小麦和糯性小麦新品种1~2个，研发系列面粉新产品8~10个。

兴化市粮食局产业指导科科长黄普泉说：“红皮小麦的走俏，也带动了粮食仓储业的转型。以前是收购后适时卖出，赚个差价，现在一方面练好内功，把仓储设施升级，在兴化合陈粮食物流产业集聚区扩建5万吨标准仓库，总仓容达到12万吨，为精深加工提供公共仓储区；另一方面利用仓储、人员、资金等优势，主动为深加工龙头企业搞好‘订单式’服务。”

板桥故里的农与水

·徐文正·

具有“板桥故里”、“文化名城”、“生态水乡”之称的兴化市，境内地势平坦，川泽纵横，水域面积120万亩，素有“鱼米之乡”的美誉。《咸丰县志》中有“兴化，泽国也”的记载，体现了这片土地的水乡特色。得天独厚的气候、地势条件造就了兴化资源齐全、物产丰饶的特色。

兴化优势在“农”，特色在“水”。

修成正果的红小麦

康熙甲子年间，兴化知县张可立主修的《兴化县志》卷三中记载：“兴化故泽国也，非遇水患物产固不乏……吾身在职亲见之纪物产第十二稻麦麻蔬秫薏苡谷也……”由此可见兴化种植小麦至少有几百年的历史。

兴化出产的优质红皮小麦具有优异的蒸煮效果、浓郁的麦香和舒爽的口感。因其红皮的“肤色”、较浅的沟槽、较低的灰分等特质而成名。

历史上曾有小麦种植者“重白轻红”，红皮小麦成为“打压”对象，一时难以“修成正果”。渐渐地粮农发现，白皮小麦的生长期迟于红皮小麦，且产量不高，成熟期又是梅雨时节，在销售上出现“捧着猪头找不到庙”的尴尬。因此白皮小麦就像是“扶不起的阿斗”，一直“推而不广”。反而红皮小麦凭借着“红润的外表”和“内在的品质”，不费吹灰之力悄然“争宠”成功，咸鱼翻身。

“橘生淮南则为橘，生于淮北则为枳”，农产品的内在质量与产地有着莫大的关系。兴化优越的地理与气候环境，造就了兴化小麦独特的品质。以兴化优质中筋红皮小麦为主要原料加工而成的面粉也形成了粉色较白、面团弹性好、粉质稳定时间长、延展性好等特有品质，使得“兴化面粉”成为蒸煮类面食最理想的面粉原料。

兴化红皮小麦是“扬麦158”、“扬麦11号”、“扬麦16号”等中筋春性红皮小麦品种系列的总称。以“扬麦158”为代表的扬麦系列麦种在兴化120万亩沃土的广阔舞台上尽显风采。

根据《地理标志产品保护规定》，国家质检总局对兴化红皮小麦地理标志产品保护申请审查合格，批准自2009年8月31日起对兴化红皮小麦实施地理标志产品保护，兴化红皮小麦成为全国第一个进入地理标志产品保护的小麦类产品。

原产地保护制，是许多国家对本国名优特产品进行特殊质量监控和知识产权保护的一种手段。原产地保护产品，是指产自特定地域，所具有的质量、声誉或其他特性，本质上取决于该地区的自然因素和人文因素，经国家质检总局审核批准、以地理名称进行命名的产品。兴化红皮小麦成功申报原产地保护产品后，将受到世贸组织成员国保护，成为国际农产品品牌。

从此，兴化红皮小麦验明正身，拿到了将来走出国门、进军世界舞台的“绿卡”。通过加强技术与机制创新，该品种小麦及其产品完全可以进入并逐鹿东南亚及世界各地高端市场。

看家宝

有了气质独特的兴化红皮小麦，那就不得不提同样声名远扬的兴化面粉。

“兴化面粉”，顾名思义，是由兴华小麦加工而成的面粉，其主要原料是在兴化市指定地域内种植的以“扬麦158”为代表的优质中筋小麦。兴化小麦独特的品质赋予了“兴化面粉”独特的品质：面粉粉色较白，白度达77.9以上；面团弹性好，拉伸曲线具有较大的能量，曲线面积达85平方厘米以上；粉质稳定时间长，达到6分钟以上。这三个独特品质决定了“兴化面粉”是蒸煮类面食最理想的面粉原料，也是其名声远扬的“看家宝”。

一方水土养育一方人。兴化面粉独特而优异的蒸煮品质与兴化独特的自然环境是紧密相连的。

兴化独有的土壤条件的孕育。“兴化面粉”的生产地域是里下河地区的“锅底洼”，独特的地理位置形成了其黏性土壤的特质，土壤耕层深厚，有机质含量非常高，土壤中富含氮、磷、速效钾及大量的天然硫素。

对中筋小麦而言，有机含量高的黏壤土种植品质较好，会显著改善中筋小麦的品质。土壤中所含的大量天然硫素，是“兴化面粉”的面团粉质稳定时间较长的直接原因，而土壤中高含量的钾、氮、磷等有机质，使得“兴化面粉”的蛋白质含量增高、沉降值增高以及拉伸能量能够达到很大的曲线面积。粉色与内在品质有关，内在品质越高，粉色也就越白。

“兴化面粉” 生产地域的高有机质含量的土壤充分保证了兴化中筋小麦的内在品质，从而使得“兴化面粉”的粉色能够达到很高的白度。

兴化优越的气候条件。兴化市农业气候具有过渡性、海洋性、季风性，有“暖中心”之称，主要表现为雨水丰沛、日光充足、气候温暖、四季分明、炎热不长、严寒较短、无霜期长及光热资源稳定。

兴化独有的水文条件的影响。适宜的土壤水分与降水可以较显著地提高小麦的湿面筋含量和小麦粉拉伸能量,从而提高小麦品质。兴化水域广阔,中小河道纵横密布,密如蛛网,素有"江淮福地,水乡明珠"之称。兴化小麦生长期间土壤润而不渍,满足了小麦不同生育阶段对水分的需求,保证了小麦制粉的内在品质及粉色。

兴化独特的地理环境与气候条件造就了以"扬麦158"为代表的优质中筋小麦,同时以"扬麦158"为代表的优质中筋红皮小麦也成就了"兴化面粉"在全国面粉市场上的地位。"兴化面粉" 和兴化红皮小麦这对胞兄胞弟将会在市场的舞台上相互照应,在成名的道路上越走越远。

"绿"衣使者

香葱又称冬葱、火葱、细香葱或四季葱,属百合科葱属,是一种多重生宿根的草本植物,原产地有说是中国,也有说是西亚。兴化香葱属石蒜科,多年生簇生草本,鳞茎不膨大,不明显,只外包鳞膜,叶基生,线形,中空,绿色,原产于亚洲中部,以其气味香浓、色泽苍翠、肉质厚嫩、抗菌强、无公害的品质而享誉海内外。

兴化香葱受到追捧,不仅因为其品质,还有其独特的食疗作用及营养价值。葱味辛、性温,具有通阳活血、驱虫解毒、发汗解表的功效,主治风寒感冒轻症、痈肿疮毒、痢疾脉微、寒凝腹痛、小便不利等病症。香葱营养价值极高,富含热量、蛋白质、脂肪、碳水化合物、膳食纤维、维生素A、胡萝卜素、维生素C、维生素E和钙、磷、钠、锌、硒等多种微量元素。

不起眼的小香葱,做出了大文章。来自天津、上海、广州和泰州的2009年出口商检报告显示,兴化出口脱水香葱的微量元素含量、重金属含量、药残量等5项指标,远远优于国际同类进出口食品的卫生和安全标准。

独特的品质,让兴化香葱"香"飘世界,叫响洋人的餐桌。现在兴化香葱进入了东南亚几乎每一个食用方便面的家庭,已经占据韩国市场九成的份额,并且出口持续增长;在广交会上,兴化的企业已经从新加坡、澳大利亚、台湾等地的客商手中拿回了订单。以"兴化香葱"为主导产品的脱水蔬菜产品,远销美国、日本、韩国及我国香港、台湾等30多个国家和地区, 小小香葱似一位美丽的"绿"衣使者,香飘万家。

大闸蟹"横行"

当年一曲《沙家浜》,让阳澄湖的传说流传至今,1998年10月5日的那次著名的视察与评价,让阳澄湖蟹更是蜚声海内外。阳澄湖蟹之所以享誉世界,除了其深厚的文化底蕴,更因其典型的江苏大闸蟹品质。

大闸蟹有红膏、黄膏、白膏、灰膏等种类,以红膏最为鲜美。兴化红膏大闸蟹曾是进京贡品,历史悠久,蟹壳厚实,平滑而有光泽;绒毛长而成黄色,密而清爽,根根可数;蟹肉饱满,蟹脂香酥,味道甘美,口感极佳。早在1898年的南洋(新加坡)物赛会上,红膏大闸蟹就击败竞争对手,喜获金奖。从此成为驰名中外的美食佳品。

兴化也曾经演绎了一出"在人民大会堂推介农产品、叫卖螃蟹"的佳话。2008年,兴化市的淡水产品产量连续19年名列江苏省之首,中国渔业协会河蟹分会授予兴化"中国河蟹养殖第一县"称号。兴化红膏蟹,以独特的优良品质而获得中国烹饪协会推荐产品证书。

为了让更多人领略当年郑板桥先生"湖上捕鱼湖上煮,煮鱼便是湖中水"的乐趣,兴华旅游部门专门开发出一条黄金水乡旅游线路,让您一睹"板桥故里,水浒摇篮,梦里水乡,绿色兴化"的丰采。

兴化是中国著名的生态市,是明清以来贡品蟹(即中庄蟹)的产地,方圆百里内无工厂,具有原生态农业环境,其贡品品位、御前品质,不容置疑。2009年5月,"兴化大闸蟹"获得地理标志集体商标使用权,为兴化大闸蟹"横行"世界注入了活力。

入药青虾

战国时期,兴化地处楚国东境,相传为楚将昭阳的食邑。《史记·货殖列传》记载"楚越之地,地广人稀,饭稻羹鱼",其地"通鱼盐之货,其民多贾",据此考证分析兴化在楚越之内,当时捕食鱼虾十分普遍。

兴化大青虾也以其色鲜、壳薄、肉嫩、个大、味美的特质闻名大江南北。它营养丰富,是一种高蛋白、低脂肪、低热量的营养食品,在目前常见的三种淡水虾类中,青虾的品质最佳,富含蛋白质、脂肪、钙、磷、铁和维生素A、维生素B1、维生素B2、维生素E、尼克酸等。虾皮的营养价值更高,其中钙的含量为各种动植物食品之冠。

兴化大青虾鲜活产品及系列加工产品有冻青虾、冻虾仁、虾籽等,其中冻虾仁在2001年上海APEC会议上曾作为指定食品原料之一;原美国总统尼克松下榻上海锦江饭店期间,品尝用冻虾仁制作的名肴"水晶虾仁"时,连称"OKOK"。兴化大青虾的外贸出口主要以冻青虾、虾籽为主,销往日本、韩国和我国香港等国家和地区。

青虾可入药,据《中药大辞典》记载:"青虾性甘温,入肝肾经,有补肾壮阳、通乳、透疹之功效。主治阳痿、乳汁不通、乳痈、丹毒、痈疽、麻疹和臁疮等疾病。用鲜虾150克,加韭菜250克,一起炒熟食用,或用糯米加大虾炖饭,再加点甜酒食,可治阳痿。用虾50克,加冬虫夏草15克、九香虫15克,每日煎服一次,亦可治阳痿、腰痛乏力等症。用虾仁20克,加豆腐500克(切块),一起放入锅中烧煮,并加葱、姜、盐等调味,可作菜肴,又可治肾虚诸症。可有效调节人体免疫能力。"

楚水之上腾“楚龙”

•徐文正•

“水不在深，有龙则灵。”唐代文学家、哲学家刘禹锡《陋室铭》中的名句，道出了龙与水的深情，龙需要水，最好是海。

2002年，在楚水中腾出一条“小龙”，经过短短8年的比拼，已成长为“巨龙”，它就是在市场经济大海洋中“应运而生”的位于江苏兴化的楚龙面粉有限公司。

“1400吨，40万吨，30万吨。”楚龙面粉有限公司总经理殷志洪扳着手指自豪地告诉记者。其实，他所说的三个数字，分别代表了现在面粉生产线日处理小麦能力、年消化当地优质中筋红皮小麦、年生产各类专用面粉的数量。

“我们的面粉供应商是楚龙，包括公司在东北、西北的工厂，基本上也都用楚龙的粉，虽然有一家知名面粉加工企业离我们很近，但我们不会主动联系，因为我们需要的是制作干脆面的专用粉，不是市场上的一般粉。”这是在珠海华丰食品工业(集团)有限公司兴化分公司采访时，李东涛厂长的一句话。

两个人，两句话。从中看到的是“楚龙”在兴化面粉行业的“龙头”地位，“楚龙”似“蛟龙”，在楚水(兴化古称楚水)中自由翻腾。

下海

改革开放初期，随着市场经济的繁荣，许多人不安于现状，国营企业、机关的干部职工辞职或留职停薪，放弃有保障的就业体系转而经商，曾被戏称之“下海”。

江苏楚龙面粉有限公司(以下简称“楚龙”)的前身，是江苏难得集团冠宇面粉有限公司，2002年4月，它“褪去”国营企业的光环，组建成为民营股份制企业，成功“下海”。

2006年，公司为了更好地服务“三农”，缓解企业产能不足的矛盾，通过股权转让的形式成功并购洪泽德龙面业有限公司，楚龙从此积攒起“深海之旅”的资本。

“水不在深，有龙则灵。”唐代文学家、哲学家刘禹锡《陋室铭》中的名句，道出了龙与水的深情，龙需要水，最好是海。改制前的楚龙只有一条生产线，但是效益不错，改制以后，楚龙通过调整产品结构，通过产品的开发，2005年年初，新增一条生产线，日处理小麦约600吨，公司产品成为江苏一带叫得响的品牌。

楚龙从2002年改制“出海”，到2005年拥有两条生产线，处理小麦约600吨的规模，可以说是三年三大步跨越，蛟龙出海初战告捷，楚龙也从中找到了属于自己的“深水舞台”。

游走深水

改制后第一个三年的快速发展，让楚龙人备感欣慰，但是“风暴”也接踵而至。

随着兴化红皮小麦知名度的提高，红皮小麦成了市场上的“抢手货”。而“楚龙”80%~90%的原料来自兴化市，楚龙从此打响了和其他一些面粉企业激烈的原料“抢夺战”。

2007年12月，中国最大的面粉生产企业五得利集团兴化面粉公司正式签约落户兴化经济开发区，占地80亩，投资1.4亿元，日加工小麦1200吨。“公司尚未正式投产，原料小麦收购早已开始，每天下午，总会有几艘满载小麦的船只停靠到公司的码头边，等待卸货”，五得利兴化面粉有限公司办公室主任徐同心这样向记者描述当时的情景。

五得利及其他许多面粉企业的加入，使得这场没有硝烟的原料争夺战更加激烈，兴化红皮小麦的收购价每斤至少提高3分钱，成了2007年市场上的“香饽饽”。小麦价格的提升在给农民带来实惠和带动相关行业、带动兴化当地经济发展的同时，也让“楚龙”实实在在地感受到了“游走于深水”的压力。

“穷则变，变则通，通则久。”面对危机，楚龙适时调整经营策略，启动“差异化”竞争方略。

公司通过缜密的市场调查，感到低档面粉市场技术含量和附加值低，市场竞争力差。公司从2006年起开始瞄准面粉的高端市场，依托公司的规模优势和技术力量，加大新产品的研发力度，形成工业用粉、民用粉、高端专用粉三足鼎立的产品格局，同时选用优良小麦品种，实施“公司+基地+农户”的模式，并开展连片种植，保证了粮源的足额供应。

公司生产的“楚盛”、“冠宇”、“民欣”牌面包粉、包点粉、蛋糕粉、方便面粉、超级粉等高、中、低系列专用面粉，畅销江、浙、沪、粤、琼等地区。公司与顶益国际集团、珠海华丰国际集团等国内外知名企业建立了良好的合作伙伴关系。

背靠大树好乘凉。楚龙依靠生产专用粉和兴化面粉的独特品质，2006年就引来珠海华丰兴化分公司投资数千万元建成3条方便面生产线。同时，楚龙自身也加入面粉深加工的行列，在2008年下半年组建兴化楚皇食品有限公司，年产2万吨营养强化挂面，从而拉长了兴化“红皮小麦经济”产业链，将红皮小麦“磨”成了大产业。

2008年1月，韩国一家公司通过网络与“楚龙”结缘，“楚龙”的销售“触角”正式延伸境外，产品出口实现了“零的突破”。

科技生产力

“工欲善其事，必先利其器。”楚龙为了获得更大的发展，不断加大科技投入，先后投入300多万元购置11台（套）国际先进的检验检测仪器，成立了“泰州市红皮小麦研究中心”和泰州地区一流的研发检验中心。中心设实验磨粉、面团特性、烘焙试验等3个实验室，加强对红麦品种的品质鉴定、筛选。

同时，楚龙选用瑞士布勒公司具有国际领先水平的制粉设备，采用PLC管理控制系统，配备了国际先进的德国BRABENDER公司和瑞士PETEN公司生产的面粉检测、检化设备。

公司先后通过ISO9001质量管理体系认证、HACCP和ISO14001环境质量体系认证。公司与武汉工业学院、江南大学、河南工业大学等高校建立了校企科技合作关系。

“在产学研合作过程中，楚龙公司注重将科研成果向新品开发转化，将研发力量向新品开发倾斜。”殷志洪介绍，到目前为止，公司“利用中筋红麦生产优质低筋专用粉”、“利用中筋红麦生产优质高筋专用粉”获得国家发明专利，开发出了蛋糕粉、方便面粉、拉面粉和萨琪玛粉等附加值较高的特色专用粉。

殷志洪透露，现在楚龙日处理小麦能力可达1400吨，年消化小麦将超过40万吨，年产值将突破5亿元，单体生产能力已跃居江苏之首。

“载得梧桐树，引来金凤凰。”全国面粉行业唯一的“院士工作站”——江苏省红皮小麦品种选育及新产品研发“院士工作站”，2009年11月16日在楚龙面粉有限公司挂牌成立。楚龙“院士工作站”的目标是在2~3年内培育红皮专用小麦和糯性小麦新品种1~2个，研发系列面粉新产品8~10个，形成集品种选育、质量栽培、新品研发、成品检测于一体的科研开发体系。

“这一技术平台的创建，重在提升兴化红皮小麦的品质，做强红皮小麦产业。”殷志洪透露，依托这一平台，公司将规划建设专用小麦和糯性小麦新品种繁育基地，研发萨琪玛、面条、水饺、馒头等专用粉及系列面制食品。公司开展了优质、抗病种质资源引进、评价、创新和利用，选育优质高产抗病专用小麦和糯性小麦新品种，项目实施后，楚龙每年预计新增产值2.76亿元，纯效益6850万元，其中可带动农民增收6180万元。

Part 2

安徽萧县

萧县 位于安徽省最北部，苏、鲁、豫、皖四省交界处。萧县是农业大县，人口140万，其中农业人口110万，耕地面积150万亩，小麦播种面积100万亩，总产45万吨。

农作物主要有小麦、棉花、大豆、玉米、山芋及花生、芝麻等。

萧县：

打造“面粉第一城”

·姜华山·

“中国书画艺术之乡”、“中国防腐蚀业第一县”、“中国辣椒制种第一县”，从2004年开始，萧县又瞄准了争当“中国面粉加工第一县”的目标。

目前，萧县拥有粮食加工企业70多家，其中国家级龙头企业数量占安徽省的1/4，面粉年加工能力150多万吨，位居安徽省第一，产值40多亿元，占萧县工业总产值的65%。

在苏、鲁、豫、皖的交界处，萧县像一块绿色的宝石被四省轻轻托起。

它历史悠久，春秋时为萧国，秦始置萧县。全县古迹遍布，千年古刹天门寺、天一角地下溶洞、永堌水库、汉墓群、宋朝的古窑群遗迹、闵之骞鞭打芦花处、三让徐州的贤人陶谦墓、南宋开国皇帝刘裕故里、苏轼发现煤炭处等自然和人文景观交相辉映。

它自古为兵家必争之地。县城东南的皇藏峪国家森林公园，因相传汉高祖刘邦曾避难于此而得名。著名的淮海战役也爆发在这一带，带领解放军活捉杜聿明的正是萧县的老百姓。

它文化底蕴深厚，素有“文献之邦”之美誉。作为文化部最早命名的“中国书画艺术之乡”，萧县书画艺术源远流长，明清时期就形成了享誉华夏的“龙城画派”(萧县古称龙城)。刘开渠、朱德群、王肇民、萧龙士、卓然、吴燃、葛庆友等更是近当代国内外享有盛名的艺术大师。如今，全县擅长丹青者达3万多人。

突出的人文优势同时孕育了美食的淳厚和芳香，萧县饮食文化闻名大江南北，“萧县羊肉馆“、“皇藏峪蘑菇鸡”、“圣泉填充烧全羊”等各种风味小吃吸引了全国各地的好食客纷至沓来。

然而，历史代表的仅仅是过去，在发扬光大优秀传统的同时，今天的萧县人又在创造着新的历史。

三个“第一”

2009年4月9日，第四届中国国际腐蚀控制大会暨展览在萧县举行，国内外防腐界的精英云集萧县，共商防腐发展大计，展示最新科研成果。

这对于萧县来说，是一个莫大的荣誉。然而，为了这一荣誉，萧县已足足努力了

40年。自20世纪60年代起，萧县黄河故道两岸一批具有开拓意识的农民，冒着被批斗的风险，依靠“一只刷子，一把铲子”开始了防腐施工的创业历程，截至今日，全县具有防腐施工资质的企业已达32家，从业人员12万人，年产值50多亿元。萧县因此被中防协命名为“中国防腐蚀业第一县”。

2009年萧县还荣获“中国辣椒制种第一县”的称号。目前，该县辣椒制种面积已达近万亩，年产值近4亿元，辣椒总产量占全国总产量的30%以上，涌现出了新丰辣椒制种研究所、皖北辣椒制种研究所等20多个研发部门，带动了8000多户农民发展辣椒种子种植，并打出了“萧丰”、“新丰”、“汴椒”等10多个叫响全国的品牌。

2010年1月6日，安徽省粮食产业化会议在萧县举行。据会议主办方安徽省粮食局相关负责人介绍，把省级会议安排在一个偏远的县城召开，一方面是因为近年来萧县的粮食加工业发展迅速，龙头企业众多，占据了全省较大的份额，另外就是让全省其他县市都来现场体验一下萧县的粮食产业化氛围，学习一下萧县的经验。

成为“中国面粉加工第一县”可以说是萧县人共同的梦想与目标，作为一个农业大县，一个具有传统优势的小麦生产县，如若能晋身“中国面粉加工第一县”，不仅对区域内的面粉加工企业是一个莫大的鼓励，同时也是对该县发展现代农业产业化成绩的一个最好的总结。2008年，萧县已被安徽省粮食行业协会授予“安徽面粉第一县”的称号。而就在2010年11月27日，中国粮食行业协会已经正式授予萧县为“中国粮食加工强县”的称号。

龙头驱动

2010年1月6日，安徽省粮食产业化会议在萧县召开，全省各地粮食局长和龙头企业的老总200多人云集萧县，气球、彩虹门、巨幅宣传画，大街小巷都喜气洋洋，充满着节日的气氛。

萧县是安徽省传统优势小麦生产县，1993年就被国家命名为全国百强商品粮县。近年来萧县大力推进小麦高产攻关，通过良种良法配套、科技入户等措施，不断提升小麦产量和品质。

县农委还每年抽派50名技术员，聘用200名农民技术员，深入一线为企业小麦生产基地提供技术支持，为企业建成了100多万亩优质小麦基地，其中有30万亩被农业部认定为“国家级绿色食品原料小麦标准化生产基地”。

政府的支持，科技的创新，使萧县小麦产量稳步增长。2009年，萧县125万亩小麦产量再次突破10亿斤，创下历史新高。这给正在全力打造“中国面粉加工第一县”的萧县增添了新动力。

据萧县县长韩维礼介绍，萧县从2004年开始，就瞄准了争当“中国面粉加工第一县”的目标并开始建设优质高产小麦基地，扶持小麦加工龙头企业，拓展面粉销售市场。

“县里协调银行放贷，每年我们的小麦收购资金都很充足。”安徽皖王集团董事长吴秀芝告诉记者。为了打响“中国面粉加工第一县”的品牌，萧县针对企业融资难的问题，积极推进银企合作活动，仅2008年就为小麦加工企业协调贷款4.9亿元。

2009年，针对中国农业发展银行贷款政策调整的不利影响，萧县又通过县信用担保公司优先为小麦加工企业提供贷款担保支持，为企业筹集贷款5.5亿元。

政府的支持有力地增强了企业的发展后劲。据统计，目前萧县拥有粮食加工企业70多家，粮食年加工能力210万吨，面粉年加工能力150多万吨，年产值40多亿元，面粉加工产量位居安徽省第一，在全国也名列前茅。

更具说服力的事实是，目前安徽省的面粉总加工能力为900万吨，全省77个县（区）共有8家国家级农业产业化龙头企业，而萧县就有两家，面粉加工能力占全省的1/6，国家级龙头企业数量占全省1/4。

拿皖王集团和新锦丰集团这两个国家级农业产业化重点龙头企业来说，皖王集团资产总额3.68亿元，员工1000多名，年加工小麦75万吨，年产挂面4万吨，销售收入11.37亿元，同行业综合排名全国第七、安徽第一；新锦丰集团于2004年落户萧县，现已成为拥有8家全资公司和两家控股子公司的大型集团公司，2008年总资产5.8亿元，安置就业4300人，年加工小麦能力30万吨，方便面生产能力64亿包，工业总产值11.8亿元，方便面产销量位居全国第六名。而2006年县面粉厂改制组建银海集团，现已成为集粮食物流、粮油储备、面粉加工于一体的省级农业产业化龙头企业。此外虹光集团、金鸽集团、金玉米公司、步强饲料有限公司等民营企业均已进入快速扩张时期。

如此一大批龙头企业的迅速成长与崛起，对萧县的经济发展也产生了巨大的影响，全县粮食产业加工的产值已占据了工业总产值的65%。

县域名片

为了推动农业的产业化经营，促进规模种植和结构调整，加快基地建设，萧县出台了《关于推进农村土地经营权流转的意见》，引导支持粮食产业化龙头企业和种植大户，通过承包、租赁、股份合作等形式流转土地承包经营权。

皖王集团、银海集团、金鸽集团各投资100多万元建立了60万亩绿色原料基地，实行统一播种、统一施肥和统一管理。

此外，龙头企业还大力发展粮食订单，通过定向投入、定向服务、订单生产、订单收购，引导农民按照市场需求进行标准化生产。皖王集团通过青龙等8个粮站与农户签订优质小麦订单面积50万亩，按市场价加价5%收购，集团不仅获得充足的粮源，而且增加了农民收入，购销企业得到稳定的效益。

2009年，全年粮食播种面积250万亩，粮食总产71万吨，连续6年获得丰收。粮食加工龙头企业共与萧县及周边县市40万农户签订优质小麦订单面积220万亩，实现订单收购6.8亿斤，农民可增收4000多万元。

面粉加工业已成为萧县的支柱产业，也成为该县的一张名片，但萧县人对未来有着更清醒的认识。下一步，萧县将在延长小麦加工产业链上下功夫，不求小麦粗加工量的扩张，但求深加工高端产品质的增长，重点发展高附加值、高科技含量的深加工项目，注重集团整合，实现粮食初加工向深加工转化、粗级产品向食品与生物制品开发转化的跨越式突破。皖王集团、新锦丰集团、金鸽集团等龙头企业将大力发展专用粉、谷朊粉、米粒粉和馒头、面条、水饺生产，开发方便食品、休闲食品、保鲜食品等深加工产品，打造全国县级加工规模最大的面粉食品基地，同时，围绕龙头企业发展，进一步提升优质粮油基地建设规模化和标准化水平，大力发展总部经济，鼓励支持企业对外扩张，扶持企业上市。

此外，在引导和支持粮食产业化龙头企业采取“公司+农户”、“公司+协会+农户”的方式，建设标准化、大规模优质粮食生产基地的基础上，萧县还将大力发展小麦仓储物流业，通过加强粮食产业园区建设，积极发展粮食现代物流，打造一个新的经济增长点，也为面粉产业的可持续发展增添后劲。

而不远的将来，萧县还将筹谋与郑州粮食批发市场合作，发展电子商务和期货交易，争取通过5年努力，把萧县建设成为带动区域、连接全国的大型粮食综合性现代物流中心。

“面粉第一城”崛起探秘

·方 进·

所谓时势造英雄，独特的区位优势，加上改革机遇与政策扶持，萧县面粉加工因此风生水起。

萧县是农业大县，人口140万，其中农业人口110万，耕地面积150万亩，小麦播种面积100万亩，总产45万吨。全县粮油加工企业70多家，年加工能力210万吨，其中面粉加工能力150万吨，占全省面粉总加工能力的1/6，是全县小麦总产的3倍多。全县有12家市级以上农业产业化龙头企业，其中国家级两个，省级4个，2008年销售收入46亿元。2008年安徽省粮食行业协会授予萧县“安徽面粉第一县”称号。

一个县有这么大的粮食加工能力，这么多的龙头企业，使粮食产业成为全县经济的重要支柱，这确实是一个奇迹！其背后究竟隐藏着怎样的秘密呢？

区位优势

打开中国行政区划图，不难找到，位于安徽省最北端，像脖子一样伸向苏、鲁、豫三省的便是萧县。

萧县地理位置特殊，紧靠徐州都市经济圈中心城市徐州市，萧县县城距京航运河30公里，距徐州观音机场50公里，距连云港出海口260公里，素有“徐州的西大门”之称。萧县东临京沪铁路，陇海、徐阜铁路纵横穿过，连霍、合徐两条高速公路在境内交会，310、311两条国道和3条省道及星罗棋布的县乡道路形成的交通网络与周边地区紧紧相连，承东启西，南引北联，是重要的交通枢纽。

萧县自然条件优越，处在广袤富饶的华北平原和黄淮海小麦流通通道，属暖温带季风气候区，四季分明，光照充足，雨量适中。小麦、玉米、大豆、山芋是萧县的主要作物，萧县植被保存完好，工业污染程度低，具有生产加工绿色食品的自然条件。萧县也因此成为国家优质小麦商品粮基地和全国粮食生产高产创建示范县 。

得天独厚的地理位置和资源优势，为萧县面粉产业的发展提供了极其便捷的运输条件和雄厚的物质基础。

改革机遇

20世纪90年代后期,我国粮食流通体制开始从计划经济向市场经济转型,非公有制经济逐渐活跃起来,一批个体粮食经营者纷纷登场,参与粮食流通,他们走村串户,来往于农户与集市,贩卖粮食和农副产品,凭着敏锐的市场嗅觉,利用连接省内外的交通条件和市场差价,淘得了第一桶金。

他们开始叫粮贩子,后来是粮食经纪人,再后来成为私人老板,办起了粮食加工厂,与国有粮食企业开始竞争。

萧县皖王面粉集团公司、金鸽面粉集团公司都是最早一批于1997年办起的民营面粉加工企业。

2002年,经营半个多世纪的国有萧县面粉厂,被一个叫扈祥超的私营老板以500万元买断全部资产和经营权,也使这个在市场经济大潮中搁浅的企业起死回生。这个私人老板成立了银海集团,现已成为省级农业产业化龙头企业。

民营企业异军突起,成为萧县面粉产业的主力军。

政策扶持

与此同时,安徽省政府提出要发展农业产业化,大力培育龙头企业,发挥龙头企业连接生产与流通、农民与市场的桥梁纽带作用,促进农业发展,带动农民增收。省政府决定,在农业十大主导产业中,优先发展粮油产业。

安徽省粮食局作为粮油产业化工作的牵头部门,组织申报评审粮食产业化龙头企业,加强对龙头企业的联系、指导和服务。一批民营企业在自我发展的基础上,率先得到了政府和粮食部门的重点培育和扶持 。

近几年来,省里每年都有近2000万元专门用于粮食产业化龙头企业项目贴息,2006~2009年,萧县皖王、银海、金鸽、新锦丰四大龙头企业争取省财政补贴资金达3300万元。

县政府每年组织“银企”对接活动,帮助龙头企业争取贷款支持。2008年国家、省、市龙头企业共从中国农业发展银行等金融机构贷款4.9亿元。去年在中国农业发展银行贷款政策调整的情况下,由县信用担保公司优先为龙头企业提供贷款担保,有力地增强了企业的发展后劲。

政府对龙头企业扩建和新上项目建立绿色通道,全程服务,简化程序,优惠让利。政府服务和政策扶持为粮食产业做大做强提供了坚强的后盾和可靠的保证。

能人带动

萧县历史悠久，文化底蕴深厚，自古能人辈出。富饶的土地和悠久的文化滋润着萧县人的聪明才智和敢想敢干的勇气。江山代有才人出，如今，在市场经济大潮下，孕育出一批敢于搏击风浪的弄潮儿。

皖王集团董事长吴秀芝，银海集团创始人扈祥超、现掌门人扈加强，金鸽集团董事长张慈平，金玉米公司董事长孙玉政……这一连串当地人耳熟能详的名字、省内外有名的粮食企业家，都是土生土长的萧县人，有的从小就生活在农村，过着十分清苦的日子。正是他们靠聪明的智慧、勤劳的汗水和超人的意志，不畏艰难，顽强拼搏，在风云变幻的市场竞争中，打开了一片灿烂的天空，带领着一批有志之士，投身粮食产业，促农业增效，带农民增收，他们正挥毫泼墨般描绘着萧县面粉产业发展更加美好的明天。

新锦丰：“农业航母”起航

•姜华山•

安徽新锦丰投资集团拥有中国驰名商标“味之家”，产品覆盖全国1200多个县市、150万个营销网点，产销量在全国方便面行业排名第六。

在“安徽面粉第一县”萧县，安徽新锦丰投资集团（以下简称“新锦丰”）承载着许多人的希望与梦想。作为农业产业化国家重点龙头企业、全国第六大方便面生产企业，它的每一步发展、每一项投资，都会对当地的经济发展产生重大的影响。

据集团董事长李锐元介绍，近年来，在“立足安徽，依托优势资源，面向全国，做大、做强”的发展思路的基础上，新锦丰不仅在方便面等快消品上实现了技术领先、品质领先，同时还构建了“农副产品订单生产—新产品研发—面粉加工、调味料加工、家禽畜骨加工—方便面加工”这一链条完整的农产品加工产业体系。

2012年计划实现集团产值30亿元，2015年实现集团产值60亿元，对于新锦丰的未来，李锐元的目标是成为全国农业产业化的“航母级”企业。

打造新型产业链

新锦丰是以方便面、面粉、调味品生产为主，兼营矿业、设备制造、印务包装等业务领域的农副产品加工企业。集团下属八家全资公司和两家控股子公司，年加工小麦能力30万吨，方便面64亿包，调味品6.5万吨，曾先后荣获“农业产业化国家重点龙头企业”、“全国农产品加工示范企业”、“农产品加工企业技术创新机构”等多项殊荣。企业的主打品牌“味之家”系列方便面是“中国驰名商标”，有近80多个品种，100多种口味，产品覆盖全国1200多个县市、150万个营销网点，产销量在全国方便面行业排名第六。

如此规模的企业是如何发展起来的？李锐元有自己的“法宝”。他认为，资源的开发和市场的开拓是企业发展中最基本也是最重要的两个方略。资源丰富、品质提升是企业发展和市场竞争最根本的保障。新锦丰建设初期就非常重视上游资源的开发与建设，在萧县政府的牵线和支持下，他们探索出了“公司+协会+基地+农户”的现代农业经营模式。

新锦丰牵头成立了“萧县现代化农业发展协会”，依据“民办、民管、民受益”的原则，企业提供市场需求信息和市场销售保障，指导辅助农户进行新品种种植及农耕结构调整。几年来，新锦丰无偿为协会投入了大量的运作资金，并抽出100万元资金补贴农户购买肥料、农药和种子，吸收种植能手、种植大户成为协会理事会成员。在新锦丰的努力下，萧县的丁里镇、杨楼、阎集、白土等乡镇集中了10万亩土地进行现代农业耕种试点，实行统一技术规程、统一品种、统一机播、统一田管、统一机收的"五统一"管理模式。

新锦丰还逐渐向订单农业的市场化运作发展。他们以行政村为依托，以"企业+基地+订单"的模式，签订小麦订单30万亩，带动农户20万户。由于新锦丰对订单农户进行全程专家技术服务，并通过合同订单和最低保护价确保农民户均增收1200元，农民对订单模式十分拥护。同时订单模式也满足了新锦丰进行农产品精深加工的原料需求，实现了企业、合作组织和农户多赢的效果。

据李锐元介绍，2010年，新锦丰计划新增优质小麦基地3万亩、辣椒基地1000亩，由企业组织当地种粮大户通过土地流转形式，对基地建设资金贷款进行部分贴息补助，以鼓励种植大户发展更多规模基地，形成大范围的连片规模化、标准化种植，带动更多的农民致富。

加速农产品市场化

新锦丰创始于1999年，起初总部并不是在萧县，2004年才扎根萧县。

"集团既已落户安徽，就要肩负着安徽农业产业化带头兵的重任。"李锐元不止一次地强调这一点。

而在农业产业化方面，新锦丰的确有着自己的优势。新锦丰的主要产品是方便面，而方便面行业拥有从田间到餐桌较长的农业产业链。为了拉长做粗这一链条，几年来，新锦丰通过培育和建设优质小麦种植基地和辣椒、大蒜示范基地，建成了从"农副产品订单生产—新产品研发—面粉加工、调味料加工、家禽畜骨加工—方便面加工"的产业体系，并以新技术、科学管理实现了农产品精深加工的转化增值，有力地促进并带动了农副产品市场化发展，资源的优化也同时支持了企业的市场开拓与发展。

新锦丰非常注重产品的创新与发展，不断完善产品结构。在企业发展的初期，新锦丰是以农村和乡镇的三四级市场为主导，立足于基层市场，以中、低档产品为主，开发了3个产品系列、60多个品项，建立了以乡镇三四级市场为主导的稳定的市场基础。自2007年以来，小麦、辣椒、大蒜等上游资源的改良发展，为新锦丰高新产品的开发提供了有力支持，企业在高新产品的开发创新上取得了重大的突破和发展。

新锦丰还很注重上下游产品的技术延伸和配套，目前已经建成具有国内最先进水平的骨汤生产车间，填补了安徽省内的技术空白，并开发出带有浓缩骨汤包的领先行业的新产品。而根据市场需求配套建设的挂面、脱水蔬菜的生产，也将新增两个产品系列30多个新品种。

2010年1月6日，安徽省粮食产业化会议在萧县召开，李锐元作为先进典型进行了演讲。在省市县各级政府的支持下，2010年，李锐元将准备投资建设辣椒深加工项目，把集团打造成一个产业布局合理、成长业绩优良的现代大型农产品加工企业，使企业进入全国农产品加工的排头行列。

实施名牌战略

市场的发展必然是品牌的发展，企业的发展一定是产品的发展。这是市场经济发展的哲理。

李锐元也深谙这一哲理的内涵。

自成立之初，他就立志把新锦丰打造成一个出自安徽省的全国知名品牌，为此，他还拟定了以科技促发展、以创新求进步的企业发展战略。2004年，新锦丰成立了食品研究所，在全国行业内招聘高级研发人员，在企业内培养提拔大批技术人才，使研究所成为技术转化、产品创新研发的企业核心。目前，该研究所已经成为省级"企业技术认定中心"。

同时，新锦丰还与河南工业大学建立了校企合作关系，成为徐州师范大学的大学生实习基地，并与合肥工业大学、安徽农学院、蚌埠学院等多家院校合作，从技术咨询做起，利用协会资源全面推广新品种、新技术、科学种田观念，主动将新科技和农田规范管理引入农户，使省内各大院校的农业科技研发成果在农户中迅速得到推广并形成规模化使用,促进了农科教相结合的路子在皖北农村的实施。

通过多年的建设打造，新锦丰的研发水平和研发能力得到了显著提高，并研发出多项具有行业领先水平的产品，为企业打造拳头产品、主力产品奠定了雄厚的智力基础。新锦丰的主品牌"味之家"系列方便面已被国家工商总局评定为"中国驰名商标"。

优秀的企业离不开先进的管理。

从南方来的李锐元在这方面更是驾轻就熟。他在新锦丰确立了"集约化"、"精细化"和"规范化"的发展思路，通过引进六西格玛管理模式，2003年就在行业内率先通过了ISO9001:2000质量管理体系认证和ISO14001:1996环境体系认证，并通过了HACCP食品安全管理体系认证，2006年获安徽省质量奖。

2010年是"十一五"的收官之年，而新锦丰已经制定出了自己新的"五年"计划——按照"粮食精深加工为主业，优质便捷食品为主线，现代高新技术为支撑，品牌创建战略为带动"的思路，2012年计划实现集团产值30亿元，2015年实现集团产值60亿元;围绕农副产品精深加工，建设以面制品为主要产品的一系列重大项目;通过规划的项目建设，尽快形成自己的特色与优势，将企业打造成全国性农产品加工企业，形成全国性品牌、全国性市场。

吴秀芝：
皖王“女掌门”

·方 进·

“皖王”面粉综合加工能力居全国第七，连续六年稳居安徽第一。将一个名不见经传的乡镇面粉厂发展成为拥有资产总额3.68亿元、下辖6家全资子公司的大型面粉加工集团，吴秀芝在员工眼里，不是一个大企业的老总，而是一位和蔼可亲的姐妹。

她是安徽皖王面粉集团有限公司(以下简称“皖王”)董事长，一位杰出的民营企业家。在她的头上顶着一串耀眼的光环：“安徽省劳动模范”，“全国三八红旗手”，“全国优秀创业企业家”，安徽省十届、十一届人大代表，中国粮食行业协会第四届理事会常务理事，全国小麦协会副理事长等。然而见过吴秀芝的人都有一个共同的印象：平常、朴素、直爽，像一个地道的北方农村妇女。就是这样一个平凡的女性做出了不平凡的光辉业绩。

从小作坊到排头兵

20世纪80年代，高中毕业的吴秀芝跟随着亲朋好友来到了离家30里的黄口镇，开着拖拉机，走村串户，贩卖粮食和麸皮，虽历尽艰辛，但她凭着吃苦耐劳的精神，完成了资本的原始积累。

1996年，看到丰收后的农民卖粮难，首先富裕起来的吴秀芝决心兴建一家面粉加工企业。她拿出几年拼搏赚来的全部家底，又找亲戚朋友东挪西借凑了一些资金，开始筹建她的第一个面粉加工车间。1997年10月，生产能力仅为每天150吨的面粉生产车间终于投产了！吴秀芝也从此开始了她的第二次创业。

然而，投产期间经历了产业市场政策调整、国家土地政策紧缩、粮食市场行情起伏不定等诸多变故，加之缺乏管理及技术经验，企业困难重重，不少人对企业的未来信心不足，主张急流勇退。但吴秀芝却力排众议，顶住了种种压力，经过周密测算与筹划，反而毅然连续追加投资，并加大管理力度，苦练内功，狠抓产品质量，最终使企业经营态势奇迹般地扭转，当年产品销售就供不应求。

历经10多年的拼搏，吴秀芝将一个名不见经传的乡镇面粉厂发展成为目前拥有资产总额3.68亿元，下辖6家全资子公司，员工1200多人，集粮食加工、仓储、科研、粮食物流、产品出口、贸易经营、优质麦繁育、种植、养殖等于一体的大型面粉加工集团，成为国家级和省级农业产业化重点龙头企业，面粉综合加工能力居全国第七，连续6年稳居安徽第一，其产品畅销全国，并出口海外。2008年，皖王集团实现销售收入11.2亿元，利税500多万元。“皖王”牌面粉荣获“中国名牌产品”殊荣。

“数量是钱，质量是命”

“数量是钱，质量是命，宁可丢钱，不可丢命。”这是吴秀芝自己归纳出的皖王的经营理念，也是她经常用来告诫员工的话。这一经营理念成为皖王企业文化的核心。在皖王集团，从总部到子公司，从车间挂贴到员工手册，到处都能看到这样的标志，这一经营理念已融入到了员工的血液里。

质量靠优质的原料。早在2004年，吴秀芝就提出建立良种繁育基地，公司开始承租土地，将农民分散的土地集中并成大田，繁育良种，目前良种繁育基地面积已达2万亩，并且按照“五统一”的生产标准，建立了18万亩绿色小麦种植基地。

质量靠先进的设备。“工欲善其事，必先利其器”，吴秀芝先后投入2000多万元购置5条瑞士布勒专用粉生产线及各种精密仪器和关键设备，既保证了产品质量，提高了产品加工水平，又满足了技术进步和新产品开发的需要。

质量靠严格的管理。吴秀芝提出实施“两个让路一个承诺”办法，即当产量与质量发生冲突时，产量让路，确保质量；当效益与质量发生冲突时，效益让路，确保质量。在公司内部全面推行质量保证承诺制度，每个员工都对产品质量做出保证承诺，绝不让不合格产品流出厂门。

质量靠技术的创新。吴秀芝十分重视科技创新，投资600多万元组建科研中心，被省有关部门认定为省级企业技术中心；和科研院所建立长期技术合作关系，公司先后取得两项省级科研成果和4项发明专利。技术的创新既保证了产品质量，又使企业的产品始终在市场竞争中领先一步。

“六益”共赢

吴秀芝的事业获得了巨大的成功，成功之后，她便感到肩上增加了一种沉甸甸的社会责任。她本是农村苦孩子，是农民兄弟养育了她，是国家政策扶持了她，是社会发展造就了她。滴水之恩当涌泉相报。

2001年，吴秀芝提出了“六个益”的产业化经营理念。所谓六个益，即农民利益、地方效益、职工利益、企业效益、国家利益和社会效益。

吴秀芝说，皖王集团作为国家级农业产业化龙头企业，要以服务“三农”、支持“三农”为己任，通过开展产业化经营，促进现代农业发展，带动农民增收致富。近10

年来，公司每年签订农业订单面积150万亩以上，带动粮食经纪人、个体运输户、养殖户近千人，年新增收入1000多万元。

不断增加的加工能力和小麦品种结构的优化，使当地小麦价格高于周边0.03~0.05元每斤，改变了农民增产不增收的局面。原料和产品的进出带动了当地运输行业的发展。为延长产业链，促进副产品增值转化，集团扶持本地养殖户3000家，带动每户年增收2000多元，企业的发展每年为国家创造了1000多万元的税收。

公司创办10年来，共录用下岗职工和当地剩余劳动力1000多名，职工收入不断增加，现在职工人均月收入已经超过1000元。为鼓励职工子女上学，凡考入本科的职工子女，公司每人给予2000元以上的奖励。

造福乡邻

吴秀芝在员工眼里，不是一个大企业的老总，而是一位和蔼可亲的姐妹；而员工在她眼里，不是为自己挣钱的机器，而是自己的异姓兄弟姐妹。不论是谁家遇到了难处，她总是热心帮助。

公司有个职工叫王明良，家住农村，50多岁，患病多年的老伴不幸去世，原本生活就非常困难，连丧葬费都凑不齐。吴秀芝看在眼里痛在心中，她一方面安抚悲痛中的老王，一方面派人帮助处理后事，并自掏腰包帮助老王渡过难关。事后，老王由于一时间没人照顾，经常迟到、请事假，按照公司规定，一个月要罚款60多元。公司规定不能改，吴秀芝就拿出自己的钱贴补他。老王感激地说："吴总，我一定好好干活，来报答你的大恩大德。"多年来，吴秀芝还一直热心于公益事业。皖王集团除了优先吸收农村富余劳动力和下岗职工就业外，还主动安排残疾人就业，目前在她的企业里有132名残疾人。吴秀芝每逢节假日总要带领集团董事会到敬老院、孤儿院慰问，捐助面粉、挂面累计500多吨；10年来共救助失学儿童60多名，为失学儿童及大学生捐资助学款60余万元；先后捐款近百万元修建道路等公共设施。10年来，她麾下的皖王集团累计向社会捐助达300万元以上。

在2010年1月6日召开的安徽省粮食产业化会议上，吴秀芝毫不掩饰地畅想着皖王集团的宏伟愿景：做中国面粉行业的领军企业，成为中国食品工业的强势品牌。

我们期待着吴秀芝的愿望早日实现。

Part 3

山西岢岚

岢岚红芸豆：小杂粮大世界

•姜华山•

年总产量达2万多吨，是全国红芸豆总产量的1/4。出口量约占全国的1/3，年实现产值亿元以上。红芸豆具有高钙、低糖、高纤维、低脂肪的特点，作为国内种植红芸豆面积最广、产量最多、出口量最大、质量最好的地区之一，2010年1月13日，岢岚县被中国粮食行业协会正式命名为"中华红芸豆之乡"。岢岚县用一粒粒小小的红芸豆，开创了一个充满生机与活力的大世界。

"师傅，今天又是吃豆啊？"相信很多人都看过《黄飞鸿》系列电影之"西域雄狮"，在沙漠中吃饭的那个场景中，鬼脚七向黄飞鸿如此抱怨。

用这个故事作为开头，是因为黄飞鸿与鬼脚七所吃的"豆"，正是今天故事的主角——红芸豆。

这部电影在某种程度上真实地反映了"西域"（电影中指美国旧金山）的饮食习惯。世界上红芸豆的主产地和消费区主要分布在美国、巴西、墨西哥、东部非洲和亚洲部分地区，目前在欧洲市场也有一定的需求。

在我国，西南、西北和东北、华北的高寒、冷凉地区也出产红芸豆，但其中有一个县是我们必须提及的。2010年1月13日，中国粮食行业协会会长白美清，副会长、杂粮分会理事长田鸿儒等一行来到了素有"杂粮王国"之称的山西省忻州市。他们此行的目的是授予忻州市岢岚县"中华红芸豆之乡"的称号。

红芸豆，三大主粮之外的杂粮中的一个小品种，在一个县能发展到如此大的规模与如此高的知名度，不仅令人敬佩，更令人好奇。

"岢岚是个好地方"

岢岚县地处晋西北黄土高原中部，因境内有"岢岚山"、"岚漪河"而得名。自汉代建城以来，已有2200多年的历史。现在的岢岚县城是后汉刘知远建造的一座军城。城"周围5里，气势恢弘"，拥有一整套防御体系，其格调与西安古城相仿。现仍存北、东、南三座城门瓮城和大部分残垣断壁，国内少有的高大城门见证着岢岚的古老与战略要位。

岢岚是保卫太原的屏障要塞，历来为兵家必争之地。境内古长城乃宋太宗所修，填补了中国长城史上的空白，极具学术研究价值。1948年4月4日，毛泽东主席率领中共中央机关转战西柏坡途中路居岢岚，并留下了“岢岚是个好地方”的赞誉。贺龙、王震等老一辈无产阶级革命家也都曾在这里战斗过。

位于岢岚县境内的太原卫星发射中心，则代表着岢岚的现代与高端。该中心是组建于20世纪60年代末的我国三大卫星发射中心之一，是一座具有现代化测试发射水平和高精度测量能力的综合型火箭、卫星发射中心。

发射中心的历史展览馆，记录着我国航天事业的发展轨迹。

如今，“中华红芸豆之乡”这一称号，又为岢岚县在农业经济发展史上书写了浓墨重彩的一笔。

世界小杂粮在中国，中国小杂粮在山西，山西小杂粮在忻州。作为忻州的一个农业大县，岢岚种植小杂粮也有着悠久的历史和传统基础，特别是红芸豆、红小豆、糜子、燕麦、谷子、胡麻、马铃薯等都以其独有的品质饮誉国内外。

由于地处五台山脚下连绵起伏的华北黄土高原上，岢岚昼夜温差大，日照充足，土层深厚，无霜期短，夏季持续高温，降雨量相对集中。独特的农业生产条件和气候特点，使岢岚所产小杂粮含有丰富的蛋白质和较高的膳食纤维、微量元素及多种维生素，其高钙、低糖、高纤维、低脂肪，具有特殊的食疗食补作用。同时，由于山高水清、气候宜人、无工业，岢岚的土壤和空气几乎没有受到污染，是一个具有独特资源优势的无公害农业基地区。而且，在生产过程中，不使用农药、化肥，产品呈自然态，是公认的天然绿色食品。

然而，随着农业产业化的发展，岢岚多达120余种的小杂粮，因为种植分散、产量小、品质不稳定，在市场上逐渐失去了竞争优势。岢岚小杂粮传统的种植结构和种植方式迫切需要与市场对接起来。

农民的“金豆豆”

为促进种植结构调整和增加农民收入，经过深入广泛的调查研究，从1992年起，岢岚开始引进试种红芸豆。

既在意料之中又在意料之外，独特的气候特点与土壤结构，使岢岚出产的红芸豆以籽粒硕大，色泽鲜艳，绿色无公害，具有较高的营养、保健、美容和药用价值而闻名，并逐渐享誉国际市场，成为重要的出口创汇农产品，在市场上十分畅销，供不应求。因此，从2002年开始，受益匪浅的岢岚开始在全县大面积推广红芸豆的种植。

经过十几年的努力，特别是引进种植了英国红芸豆品种之后，红芸豆逐渐成为岢岚推广最持久、最普及、最有效的农作物品种。全县种植面积连续6年稳定在13万亩左右，农民人均2亩，年总产量达2万多吨，是全国红芸豆总产量的1/4，并多次在国家级的农副产品（小杂粮）博览会上引起轰动，备受赞誉。

由于品质优越，岢岚所出产的红芸豆绝大部分都出口到了国外。近年来，我国红芸豆出口量大都稳定在6万多吨，而国际市场红芸豆的需求量为200万吨。国际市场的供不应求加上自身的高品质，使岢岚红芸豆在国际市场上颇受青睐，远销荷兰、法国、德国、意大利、印度、巴基斯坦等国家，出口量约占全国的1/3，年实现产值亿元以上。2009年，全县农民仅种植红芸豆一项人均纯收入就达800元，红芸豆成了岢岚农民脱贫致富的“金豆豆”。

值得一提的是，2009年，岢岚县遭遇了夏旱秋涝的双重灾害，农作物大都减产，然而就是在这样的情况下，2009年岢岚农民人均种植业收入却稳步增长12.6%，其主要原因就是红芸豆适销对路，质优价高，促进了农民收入的提高。为此，农民形象地称红芸豆为“丰收年的摇钱树，灾害年的救命草”。

作为国内种植红芸豆面积最广、产量最多、出口量最大、质量最好的地区之一，2010年1月13日，岢岚县被中国粮食行业协会正式命名为“中华红芸豆之乡”。这对进一步扩大岢岚红芸豆的品牌影响力，提升岢岚红芸豆经营企业的市场竞争力，将产生巨大的推动作用。中国粮食行业协会会长白美清在授牌仪式上说，这是中国粮食行业协会在杂粮产业颁发的第一块“金牌”，在新时期新形势下，要重新认识杂粮的地位与作用，他希望其他杂粮主产区，要像重视三大主粮一样重视杂粮，争取把粮食的优惠政策用于杂粮，加大对杂粮的政策扶持力度，使杂粮的生产和流通得到持续健康发展。

政府的“如意算盘”

白美清的话并非无据可证。岢岚红芸豆之所以在短时间内成燎原之势，是与忻州市、岢岚县各级政府的战略规划与支持密不可分的。

近年来，忻州市坚持实施“开放引进、大项带动”战略，紧紧抓住中部崛起和山西举全省之力扶持忻州的战略机遇，在培育优势产业、转变增长方式、创新体制机制，特别是在农业产业结构调整上，从市情出发，紧紧围绕杂粮主产区这一优势，突出紧抓特色种植业的发展壮大，充分利用地域优势，积极扶持小杂粮产业的发展。近年全市杂粮豆种植面积稳定在250万亩以上，总产量约5亿斤，达到了前所未有的高度。

在此基础上，忻州市还成功举办了杂粮豆产销衔接会，开通了杂粮豆网，制定了杂粮豆地方标准，成立了五寨杂粮豆批发市场，发展了粮农组织和经纪人队伍，开展了杂粮豆订单收购和对外贸易，对促进红芸豆的生产、加工、销售起到了积极的促进作用。

为做大做强红芸豆这一优势产业，打造红芸豆品牌，岢岚县提出了创建“中华红芸豆第一县”的目标，并确定了“区域化布局、标准化生产、规模化经营、产业化发展”的思路，带领全县农民开展红芸豆出口生产基地建设。

按照“政府花钱搞示范，农民种田得实惠”的原则，身为国家级贫困县的岢岚县，依然每年从县财政拿出160万元科技经费，用于示范园区和无公害标准化生产示范基地建设。2009年，全县建成千亩核心示范园区3个，亩产量较其他大田高出50%，大大调动了农民种植的积极性，全县红芸豆出口基地种植面积占到粮食总播面积的37%。

为了规范农民种植，从根源上提高岢岚红芸豆的产品质量，2009年，在认真总结18年来红芸豆种植栽培经验的基础上，岢岚县精心编制了《岢岚红芸豆生产技术地方标准》，并从美国进口2万公斤红芸豆原种，建设了4000亩良种繁育基地，年育优种60万公斤，确保了良种三年一次的滚动更新。与此同时，岢岚还与山西省农科院、山西农大合作，实施了山西省农业技术推广示范项目，共建了国家现代农业产业体系岢岚试验站。

科技的力量、规范的种植使岢岚红芸豆的产量得以大规模提升，同时也为岢岚红芸豆的产业化运作打下了坚实的基础。岢岚县顺势而为，通过政策倾斜等措施，壮大农民专业合作组织和龙头企业，推动红芸豆的产业化经营。截至目前，全县共扶持发展红芸豆专业合作社37个、加工出口龙头企业3个，他们上门与农民签订种植收购合同，积极为农户承担起了产前提供良种、产后推销产品的服务，有效促进了“公司+农户+基地”产业化经营模式的形成。而在销售方面，龙头企业与多家外商建立了长期的贸易合作伙伴关系，其中2009年辐射带动周边省、市、县从岢岚运往天津港出口的红芸豆就有3.5万吨。

一组组闪光的数据，一条条得力的措施，一幕幕繁忙的景象，岢岚县用一粒粒小小的红芸豆开创了一个充满生机与活力的大世界。

一颗"红豆"的国际旅途

•姜华山•

红芸豆虽然在山西种植较广，但祖辈却来自外国，是"洋为中用"的典型。其消费群体主要集中在一些西方国家。无论是生产还是收获，红芸豆受国际行情的影响最大。

红芸豆种红了岢岚。作为国内种植红芸豆面积最广、产量最多、出口量最大、质量最好的地区之一，岢岚被中国粮食行业协会正式命名为"中华红芸豆之乡"。

然而，出人意料的是，这颗远销荷兰、法国、德国、意大利、印度、巴基斯坦等国家，在国际市场上颇受青睐，出口量约占全国1/3的小豆豆，其"祖辈"并不在中国。

它是如何来到中国、来到岢岚，并再次走出国门、名噪国际、迈向自己的国际旅途的呢？

"洋为中用"

红芸豆属于菜豆类，富含人体所需的多种氨基酸、维生素和矿物质，具有滋补、清凉、消肿及降血脂和软化血管等功效，被人们称为高蛋白、低脂肪、多矿物的现代营养保健食品。虽然红芸豆有着这么多的好处，但其消费群体却主要集中在美国、加拿大和欧洲等一些西方国家，国内很少有市场，所以无论是生产还是收获，红芸豆受国际行情的影响最大。

红芸豆虽然在山西种植较广，但祖辈却来自外国，是"洋为中用"的典型。

一个鲜为人知的说法是，早在1986年的时候，英国一个商人带着美国的红芸豆种子来中国寻找适合的种植地。当时这位英国商人在中国许多地方进行试种，最终确定山西的岢岚和新疆的阿勒泰两地是种植美国红芸豆的最佳地区。由于新疆阿勒泰交通不便，生产出的红芸豆难以运出，所以就开始在山西忻州北部的一些县、区推广。

而来自官方的说法是，红芸豆是在20世纪80年代末由山西省粮油食品进出口公司从英国引进的新品种，经过近20年的种植发展，根据国际市场的需求，逐步替代了山西省多年出口数量较多的绿豆、红小豆等其他杂豆，成为该省仅次于芦笋、核桃仁的第三大出口农业产品。

这两种说法至于哪一种更可信,目前似乎已不重要,重要的是近20年来,红芸豆的种植区域逐步扩大到山西省的8个地市,面积不断增加,产量也不断增大,由最初的几公斤种子发展到几万吨产量。出口价格虽然经常有些变化,但总的来看,无论是种植者、收购者、加工者还是出口商都从中受益匪浅。

以岢岚为例,全县种植红芸豆面积连续6年稳定在13万亩左右,农民人均2亩,年总产量达2万多吨,是全国红芸豆总产量的1/4,产值1亿多元。2009年,全县农民仅种植红芸豆一项人均纯收入就达800元,红芸豆已经成为了岢岚农民脱贫致富的“金豆豆”。而该县最大的红芸豆加工龙头企业普利丰芸豆有限公司,虽然仅成立3年多的时间,但是已在全县建立了8个红芸豆标准化生产基地,与9995户农民签订了红芸豆订单收购合同,红芸豆总订单收购量达15000吨。

落地生根

1992年,红芸豆来到了岢岚这个国家扶贫开发重点县。起初,在岢岚多达百余种的“杂粮王国”里,它显得并不是很出众。然而,也正是因为岢岚之前种植的小杂粮品种过多,没有形成规模优势,才给了红芸豆“出人头地”的机遇。因为,红芸豆不仅非常适合岢岚独特的地理气候条件,而且在国际市场颇受欢迎。

2002年,山西省政府出台了《关于建设东西两山优质小杂粮产业区的意见》,鼓励忻州等地市开展杂粮的产业化经营。也正是从这一年起,岢岚开始在全县范围内大力推广红芸豆的种植,并以政府1号文件出台了《关于加快岢岚县优质小杂粮产业区建设意见》,确立了“区域化布局、标准化生产、规模化经营、产业化发展”的整体思路,每年拿出160万元,专项用于以红芸豆为主的小杂粮产业“三新”技术引进、示范园区建设和推广配套技术。

“政府花钱搞示范,农民种田得实惠。”示范园区的建设为红芸豆在岢岚大面积推广起到了至关重要的作用。

据岢岚县代县长张玉祥介绍,在示范的过程中,县里有核心示范区,乡里有标准示范区。截至2009年,全县共建设红芸豆核心示范园16个,面积33000亩。示范园区严格按照标准化生产规程操作,实行统一规划、统一技术方案、统一技术培训、统一施肥标准、统一播种时间、统一病虫害防治、统一产前产中产后服务,亩产量较其他大田高出50%,大大调动了农民种植的积极性,全县红芸豆出口基地种植面积占到粮食总播面积的37%。

在此基础上,2009年,岢岚还认真总结近20年来红芸豆种植栽培经验,精心编制了《岢岚红芸豆生产技术地方标准》,并且从美国进口红芸豆原种2万公斤,建设了4000亩良种繁育基地,年育优种60万公斤,确保了良种三年一次的滚动更新。与此同时,岢岚还与山西省农科院、山西农大合作,实施了山西省农业技术推广示范项目,共建了国家现代农业产业体系岢岚试验站。

为了推进红芸豆的产业化发展，岢岚还扶持发展了红芸豆专业合作社37个、加工出口龙头企业3个，他们上门与农民签订种植收购合同，积极为农户承担起了产前提供良种、产后推销产品的服务，有效促进了“公司+农户+基地”产业化经营模式的形成。

蜚声国际

正如前文所言，红芸豆之所以能在岢岚落地生根并迅速发展，国际市场的大量需求是很重要的一个因素。

由于面向的是欧美地区市场，国外客商对红芸豆的要求非常严格，外观、大小、水分、杂质等每一项都要符合出口的要求。“拿粒度来说，每100克红芸豆要达到210粒；红芸豆里不能有头发、铁钉等恶性杂质……”普利丰芸豆有限公司董事长赵银鱼介绍说。如此高的要求，使得红芸豆出口企业在工序上都不敢大意，除了洗选、比重、抛光是用机器外，最重要的精选环节全部是用人工，也就是说，用手一粒一粒地将品相好的红芸豆挑选出来。

除此之外，欧美市场对红芸豆的健康标准要求也极为严格。为此，岢岚政府相关部门通过积极运作，完成了红芸豆绿色无公害农产品的品牌认证工作，使岢岚红芸豆拿到了通往国内外市场的绿卡，周边县市也纷纷借助岢岚红芸豆品牌优势促销产品。

实实在在的实惠，让农民看到了种植红芸豆的前景，红芸豆的种植规模不断扩大，效益逐年提高，农民人均年增收近千元，红芸豆已经成为继畜牧业之后岢岚农民增收的又一主导产业。农民称之为“丰年的摇钱树，灾年的救命粮”，在“中国五台山杂粮论坛”上引起了轰动。

如今，岢岚红芸豆的出口量已占据全国的1/3，远销荷兰、法国、德国、意大利、印度、巴基斯坦等国家，成为名副其实的中国最大的红芸豆种植生产和出口基地。至此，一颗小小的红芸豆也奇迹般地完成了自身的国际之旅。

目前，岢岚正在开展红芸豆龙头企业建设工程、综合服务支撑体系建设工程，推动红芸豆产业在精深加工领域快速发展，最大限度地提高对农民增收的贡献率，真正把红芸豆产业做大做强，做成促进农民增收的大产业。

普利丰：
岢岚红芸豆产业化的领跑者

•姜华山•

作为岢岚最大的杂粮加工销售企业、唯一的出口企业，普利丰承担着带动农户进入市场，推动岢岚农业产业化发展的重任。

用一个形象的比喻，普利丰就是岢岚小杂粮产业化经营的"领跑者"、农业现代化建设的"火车头"。

"发展杂粮产业的关键是引导企业走上产业化之路。从田间到餐桌，从种植、加工、销售到科技研发，逐步使杂粮生产形成产业链经营、一体化服务。尤其要注意扶持龙头企业，增强其经济实力和带动能力，从而使整个杂粮行业调结构、上水平、促联合、上规模，向现代化、规范化、集团化的方向前进。"在刚刚举办的"中华红芸豆之乡——岢岚"的授牌仪式上，中国粮食行业协会会长白美清如是说。

这段话让在场的普利丰芸豆有限公司（以下简称"普利丰"）董事长赵银鱼备受鼓舞，同时也备感压力。

作为岢岚最大的杂粮加工销售企业、唯一的出口企业，普利丰无疑是岢岚最重要的农业产业化龙头企业。与农户及专业合作社形成利益共享、风险共担的利益共同体，对岢岚丰富的小杂粮的加工与销售具有重要作用，承担着带动农户进入市场，使岢岚小杂粮的生产、加工与销售有机结合、相互促进，从而推动岢岚农业产业化发展的重任。

用一个形象的比喻，普利丰就是岢岚小杂粮产业化经营的"领跑者"、农业现代化建设的"火车头"。

而如何做好"火车头司机"，正是令赵银鱼备受鼓舞和备感压力之处。

应时而生

自1992年引进试种红芸豆以来，岢岚得天独厚的地理气候条件迅速使红芸豆落地生根，并大面积推广开来。目前，岢岚全县种植面积连续6年稳定在13万亩左右，农民人均2亩，年总产量达2万多吨，是全国红芸豆总产量的1/4。而且，岢岚所产的红芸豆籽粒大、色泽鲜艳、营养价值高，颇受市场欢迎。岢岚已名副其实地成为国内种植面积最大、产量最多和质量最好的“中华红芸豆第一县”。

然而，玉不琢不成器。前些年，岢岚县所具有的红芸豆种植资源优势并没有发挥出来。原因就是岢岚的红芸豆加工企业少而小，没有加工优势，所以，岢岚大量优质的红芸豆只能当做初级产品、原料销售，利润要么流向了外省的加工企业，要么流向了国外的客商，经济效益不高，农户也得不到实惠。

正是看中了这点，普利丰应时而生。2006年4月，岢岚县粮贸总公司改制后，将原有的土地房产折价与公司职工共同组建了国有控股的股份制有限公司——普利丰芸豆有限公司。

普利丰是岢岚县粮食流通体制改革以后，经县政府同意成立的唯一一家国有粮食控股企业，隶属岢岚县粮贸总公司，除了承担市县储备粮政策性业务外，主要进行农副产品购销加工及进出口业务。

普利丰成立后，根据岢岚小杂粮尤其是红芸豆产业的实际情况和市场形势，并结合企业自身发展的基础和实际，确立了以农业为基础，以红芸豆深加工为手段的发展战略，迅速改变了红芸豆过去以销售毛豆为主、分散经营和通过多级经销商销售的局面，建立了红芸豆直接出口精品的销售模式。

目前，普利丰共有土地16143平方米，拥有国内最先进的红芸豆分选设备，日处理能力达100吨，库容2.5万吨，加工运输等机械35台。并且在天津设立了办事处，具体负责出口通关、检验检疫、外汇结算和装箱上船等业务。

与此同时，普利丰还按照现代企业制度的要求，健全法人治理结构，转换企业的经营机制，成立了董事会、监事会。以现代企业的管理模式，利用信息、信誉、种植、市场、资金优势等扩大经营规模；实现自身的规模效益。

铸造产业链

农业产业化的关键是打通产业上下游之间的“经脉”，形成紧密相连的利益共同体。

而订单收购则是粮食种植的发展方向，是增加农民收入的有效途径，通过与农户签订规范订单合同，与粮农建立起利益共享、风险共担、互惠互利的合作机制，以“企业+农户+种植园区”的经营方式，按订单常年收购，价格随行就市，在收购过程中设点和流动相结合，不仅能有效保障粮农利益，同时还能为加工企业提供充足优质的粮源。

2009年，为了做大做强红芸豆产业，普利丰在岢岚建立了8个红芸豆标准化生产示范基地，与9995户农民签订了红芸豆订单的收购合同，总签订红芸豆收购量15000吨，真正做到了“公司+基地+农户”的种植模式和生产管理模式，提高了管理人员的素质，为岢岚红芸豆走出国门奠定了基础。截至2009年6月，普利丰共经营红芸豆8000吨，其中与欧港国际贸易有限公司、天津鑫海旗进出口贸易有限公司、天津天利国际贸易有限公司合作，出口法国、意大利、荷兰、印度、巴基斯坦等地红芸豆1960吨，创汇190万美元，成为岢岚唯一的出口企业，实现销售收入5200万元，上交税金17.5万元，实现利润32万元。

酒香也怕巷子深，品牌已成为现代企业发展壮大的资本。岢岚地处山区，工业企业少，环境污染小，是一块未被开发的处女地，发展绿色农产品具有得天独厚的条件。为了充分发挥岢岚这一“绿色”优势，提高岢岚红芸豆的知名度与美誉度，近两年，在岢岚县政府及普利丰的共同努力下，岢岚已经形成了两个具有地方特色的农产品和出口商品基地：“瑞彤”牌红芸豆得到了农业部绿色食品认证，“荷叶”牌红芸豆得到了无公害农产品认证。这两块“金牌”成为了岢岚红芸豆走向国际市场的“金钥匙”。2009年10月，法国、意大利、港商一行四人来普利丰考察，对岢岚红芸豆的绿色无公害生产条件尤为满意，当场就与普利丰达成了红芸豆的收购意向。

不过，作为一个农业产业化的龙头企业，由于受“农业靠天吃饭”的影响，仅仅依靠红芸豆的加工与销售显然是不够的，也是存在风险的，必须“把鸡蛋放在不同的篮子里”。为此，除了主营红芸豆之外，2009年普利丰还加工销售奶花红芸豆、绿豆、麻籽、谷黍、玉米、小扁豆、亚麻籽等品种7000吨，实现了公司产品的多元化。

走出国门

近年来，我国红芸豆出口量大都稳定在6万吨左右，而国际市场红芸豆的需求量为200万吨。国际市场的供不应求为岢岚红芸豆和普利丰走出国门提供了前所未有的机遇。

为此，利用产地优势和品牌优势，普利丰开始积极地开拓国际市场，先后和欧港国际贸易有限公司、天津天利国际贸易有限公司、大同博润农产品进出口有限公司、天津土产进出口公司、天津昌振公司、天津鑫海旗进出口贸易有限公司等国内公司以及意大利、西班牙、英国、法国、加拿大、印度、巴基斯坦等地的客商建立了稳固的合作关系，品种也由单一的红芸豆扩展到线麻籽、亚麻籽、谷黍、绿豆等。

为了加强与外商的交流，加深相互了解，加大贸易合作，2009年，赵银鱼还率队到欧洲进行了市场调研，考察了荷兰、意大利等国家6个客商的生产车间、仓库，以及产品购销、物流体系建设情况，学习了他们先进的生产技术、管理经验。此行不仅提升了山西红芸豆在欧洲市场的品牌价值，巩固了岢岚县作为中国红芸豆第一县在芸豆对外贸易中的突出地位，还为普利丰带来了2010年上半年的购销合同。

在荷兰的百年老企业DKSH公司，赵银鱼一行看到红芸豆从原料到成品的生产过程全部实现程序化控制、电脑化管理、自动化生产。

在意大利的5家企业，在感受到企业现代化生产的同时，赵银鱼还感受到了他们对品牌保护与创建、市场开发与占领的重视。

作为DKSH公司在中国采购首选的合作伙伴，国外工厂的高度现代化，让赵银鱼感到自豪的同时，也感到了与国外的差距。由此，他也认识到加工能力是制约普利丰发展的瓶颈。

为了进一步提升普利丰的市场竞争力、深化杂粮豆加工，“今后要继续发展种植基地，实行有机红芸豆产品认证，增加红芸豆自动化加工生产线，增加色选机等高科技设备，开发引进红芸豆罐头食品生产线、豆沙加工生产线等，进入红芸豆精深加工领域，增加红芸豆的附加值，提高企业生产规模，增加企业经营效益”。赵银鱼说。

对于更长远的未来，赵银鱼的目标是实现普利丰的上市，而目前，他和普利丰仍需要“脚踏实地做企业，真抓实干求发展”，借助“中华红芸豆之乡”的东风，把红芸豆的产业链拉得更长、做得更粗。

Part 4

湖北老河口

老河口：

商业重镇的大农业梦想

·姜华山·

一颗镶嵌在梨花湖畔的汉水明珠，一个昔日盛极而衰的商业重镇，依靠大农业的发展战略，迅速走上了一条富有鄂西北岗地特色的农业产业化发展道路。不仅嬗变为现代农业强市，而且实现了由“版图小市”向“经济大市”的跨越。

八大产业板块搭建起农产品加工业的重要基础。拥有省级重点龙头企业5家，襄樊市级龙头企业12家，涌现出4个省级著名商标，3个新产品填补国内市场空白，一批深加工项目处于国内领先地位。

老河口市位于湖北省西北部，居汉水中游东岸，是一颗镶嵌在梨花湖畔的汉水明珠，因地处汉江故道口而得名。清澈灵秀的汉江流经老河口时，河床突然由窄变宽，形成了一道自然奇观——“汉水连天河”。

近年来，老河口围绕打造百亿农产品加工大市、争创百亿农产品加工园区，大力发展优质水果、粮油、水产、畜牧、花椒、辣椒、山药等特色农业基地，培育壮大龙头企业，迅速走上了一条富有鄂西北岗地特色的农业产业化发展道路。

曾经的商业重镇

老河口是一座历史悠久的古城，古称赞阳，是春秋名将伍子胥的故里，汉代开国丞相萧何的封地，北宋大文豪欧阳修曾在此出任县令，宋代科学家沈括曾在此写下诗文。

由于汉水水运可上达陕西，下至汉口，长年通航，自清朝雍正时起，老河口就人烟稠密，五方杂处，百货交集，是鄂、豫、川、陕四省的物资集散地。清朝中期后，老河口更是与龙驹寨、紫荆关一道，“西接秦川，南通鄂渚”，成为汉江中上游的水路要塞，四方商人纷纷坐地为贾。至清末民初，这里已成为手工业发达、商业繁盛的鄂西北重要商埠，仅山货、油行就有51家，钱庄93家。清光绪《光化县志》记载老河口是“五方杂处，百货交集”，“商贾辐辏，万家烟火”，当时老河口的商业繁盛景象可以想见。

“天下十八口，数了汉口数河口。”老河口素有“小汉口”之称。发达的商业汇集了全国各地的商贾精英。各地商人“离故土，辞乡邻，跋涉山川，懋迁河口，生意顺遂，安居乐业”。他们为了维护同乡、同行商人的利益，相继成立帮会组织。于是有了“八帮”(江苏、抚州、黄州、武昌、山西、陕西、湖南、河南)的组织，后又发展为“十三帮”(除原有“八帮”外，又增加怀庆、汉阳、福建、浙江、徽州)。他们借“神灵偶像”与同乡同行之谊，以募捐收厘金所得之资，陆续在山西、安徽、河南等地修建了16所会馆与36座寺庙，这些古建筑物至今仍见证着老河口商业的辉煌。

进入20世纪20年代之后，我国共产主义运动的先驱恽代英在这里度过了少年时代，《黄河大合唱》的作者、著名诗人张光年是老河口市路家巷人。抗日战争时期，著名作家老舍、姚雪垠，诗人臧克家以及外国友人史沫特莱、路易·艾黎，朝鲜著名表演家金昌满、金炜等名人曾荟萃于老河口。此外，老河口在抗日期间还是第五战区司令长官李宗仁司令部的所在地。

1938年10月，武汉沦陷，第五战区司令长官李宗仁和他统率的战区部队，在极为复杂、严峻的局面中，经襄樊抵达老河口。在鄂西北老河口作战的6年中，李宗仁统率五战区部队在正面战场对日作战中保卫了大片国土，使民众免遭日寇蹂躏。至今，老河口市中心还保存有孙中山先生的塑像和纪念堂，以及李宗仁亲笔命名的中山公园。

新中国成立以来，随着现代交通的发展，尤其是丹江水库的建成，老河口的水运优势逐渐消失，曾经的商业重镇不得不开始重新打造自身新的优势。

近年来，以“版图小市、经济大市”为目标，老河口的经济发展驶入了快车道。目前已形成以化工、机械汽车、纺织服装、建材、冶金5大行业为支柱的工业体系，以精细化工、精密机械、新型建筑材料、有色金属冶炼、电子等新兴产业为先导的产业新格局，生产千余种产品。同时，以农业产业化为突破口，以周边县市丰富的粮源为基础，老河口的农产品加工业快速发展，已成为老河口经济新的增长点。

八大板块显神通

老河口处于汉水中上游，上游无大中城市污染，汉江水质清纯，在生产加工无污染农副产品方面前景广阔。

老河口的农业产业化始于1997年。从这一年开始，老河口及时调整农业发展战略，优化区域种植布局，着力打造优质小麦、油菜、砂梨、蔬菜、畜牧、水产、花椒、红薯八大产业板块，目前已呈现旺盛的生命力和光辉的发展前景。

在小麦产业方面，老河口优质小麦基地建设规模达2.67万公顷，总产7.2万吨。小麦产业重点依托梨花湖食品、茂盛粮油等农产品加工龙头企业的辐射带动，推动了小麦种植业和加工业的发展，特别是小麦的精深加工和二次、三次加工，促进了粮食加工业的整体升级。以梨花湖食品为例，已由最初的精制面粉、专用面粉加工延伸到精制面条、营养面条、杂粮方便面和灵芝多糖等系列精深加工产品，加粗延伸了小麦产业链条。

在油菜产业方面，全市在奥星粮油、常香油脂等加工龙头企业的带动下得到了迅速发展。油脂油菜基地种植面积由2006年的0.27万公顷扩张到2009年的1万公顷。特别是奥星粮油于2006年落户老河口后，以“双低”优质油菜产业带及优质花生、芝麻基地为依托，整合加工能力，主攻精深加工，研究开发出“双低”油菜籽脱皮、冷榨、浸出制油及其他油料加工新技术和新工艺，不断推陈出新“双低”菜籽营养油以及花生、芝麻食用油系列产品，年生产能力目前已达20万吨。二期50万吨菜籽油生产项目近期建成投产后，综合加工能力将突破60万吨。届时，以奥星粮油等龙头企业为主导的菜籽油加工业，不仅能带动老河口、襄樊、荆州以及湖北全省的油菜产业发展，甚至将带动全国油菜产业的发展。

水果产业是老河口发展县域经济“一县一品”的优势特色产业。梨、桃等水果主要分布在沿汉江的5个乡镇办事处和岗地的部分乡镇，基地面积达1万公顷，形成了“百里汉江水果走廊”，年产量达18万吨，是全国优质砂梨生产重点县市之一和湖北砂梨产业核心区。2005年8月，胡锦涛总书记在视察老河口水果基地时给予了“既治沙、治水、绿化美化，又让农民致富，一举多得”的高度评价。特别是2009年，老河口仙仙果品华晟食品和湖北香园食品两个水果加工项目的建成投产，解决了全市水果深加工的问题，延伸了产业链条，加速了水果产业的发展。

而在蔬菜产业方面，按照“市场+公司+基地+农户+服务”的发展战略，老河口已经形成了辣椒、莲藕等5大蔬菜基地。特别是以华松科技为龙头的干辣椒加工企业，运用企业自己研发的高新技术，从干红辣椒中提取辣椒碱、辣椒精、辣椒红色素等系列产品，进一步加粗延长了蔬菜产业的链条。

此外，在“洲栽梨、坡植桃、岗地种花椒”的思路指引下，老河口的花椒产业也得到了大力发展。目前，全市花椒种植基地面积已发展到0.33万公顷。为解决花椒产品加工转化问题，以奥星为龙头的一批加工企业，将花椒籽加工为花椒油，实现了产品转化升值，加速了花椒产业的提档升级。

老河口市红薯产业的发展，不仅仅是因为本市地理环境和气候以及农民的素有种植习惯，襄樊金薯食品、汉滨食品等加工企业的辐射带动作用也功不可没。这些企业坚持“公司+基地+农户”的运作模式，采用免费为农民提供红薯种苗，提供技术服务和签订种植收购合同的订单方式，建立红薯基地面积0.4万公顷，实现了农户增收、企业增效的双赢局面。

除上述产业之外，近年来，老河口在畜禽（兔）养殖业及水产养殖业方面也实现了做大做强，涌现出了煜婷兔业、银康水产及亨美达水产等养殖加工龙头企业。

经过10多年的不断开发，老河口8.2万农户已有6万户参与了8大板块的建设，占全市农户总数的73.2%。这8大产业板块搭建了老河口农业产业的基础框架，成为农产品加工业的重要基础。目前，全市农业产业化龙头企业已发展到92家，其中规模以上的企业55家，省级重点龙头企业5家，襄樊市级龙头企业12家。

政府的“保姆式”服务

农业产业化的发展离不开市场的自身规律，同时也离不开政府的帮扶和支持。

为了引导农业产业化发展，老河口根据市场现状，因地制宜，先后出台了《老河口市2009~2010年农产品加工业发展规划》、《老河口市“十一五”农业产业化发展计划》和《老河口市农产品加工园区发展规划》等一系列文件，指导全市农业产业化经营的发展。按照沿河种水果、丘岗地种粮油、城郊种蔬菜的思路，确立了农村8大产业发展的基本框架，而且一个产业明确一名领导主抓，确定一个责任部门负责，定期组织召开联席会议研究安排工作，解决产业发展中的突出问题。

为了营造亲商、护商、引商、富商的发展环境，老河口全力推行“一线工作法”，实行市“四大家”领导包保责任制，每个市“四大家”领导联系包保2~3个龙头企业，实行一个领导挂帅，一个专班服务，一套帮扶措施，一包到底，定期深入龙头企业，现场解决问题。市财政每年还安排1500万元专项资金，用于龙头企业科研开发、招商引资和技术改造等。

值得一提的是，充分发挥农村合作经济组织在推进农业产业化中的组织作用，已成为老河口服务农业产业化发展的最大亮点。近年来，老河口依托8大主导产业，建立了合作社、专业协会、产业协会等不同类型的合作经济组织52家。这些组织依托一个产业，聚集一批农户，充分发挥其在组织生产、推广技术、服务农户和产品营销等方面的作用，引导农民开展生产，提升技术水平，提高自身的谈判地位，增强抵御风险的能力。目前，老河口组建的春雨苗木果品专业合作社、兰家岗花椒合作社、煜婷兔业合作社、银康水产养殖协会等各类经济合作组织已覆盖全市5万余户农民，与企业建立对接关系的组织达30多个，成为老河口农业产业化发展壮大的一支重要支持力量。

政府的“保姆式”服务，为企业的发展提供了广阔的舞台，如今，老河口的骨干龙头企业已经涌现出4个省级著名商标，3个新产品填补国内市场空白，一批深加工项目处于国内领先地位。

老河口，这个昔日盛极而衰的商业重镇，依靠大农业的发展战略，不仅嬗变为现代农业强市，而且实现了由“版图小市”向“经济大市”的跨越。

产业助推：

变“版图小市”为“加工大市”

•姜华山•

将农业资源优势转变成经济优势，必须靠工业来牵引，靠龙头企业来“催化”。

一方面“筑巢引凤”，引进国内大型农产品加工企业；另一方面“抱窝孵蛋”，注重扶持本地农产品加工企业，帮助这些小企业成长为带动全市农业发展的大龙头。

作为一个版图面积只有1032平方公里的小市，近年来，老河口围绕打造“百亿元农产品加工大市”的目标，大力推进农业产业化，借助农业龙头企业，带动农民，盘活农业，让资源优势转化为经济优势，加速向现代农业转身，并一跃成为“湖北省农业产业化示范园区”。

老河口是如何从一个“版图小市”蝶变为农产品“加工大市”的呢？

以龙头企业搞活市场

老河口的农业产业化，经历了一个由不自觉到自觉的历程。早在20世纪80年代，该市就建起了许多种养基地，只是到了农产品出现积压的时候，才想到办龙头企业。而等企业办起来后，有的则错过了市场机遇。

“先办龙头企业，再建基地。”一个“倒着来”的思路，在老河口的决策层中形成。

2006年，湖北奥星粮油公司，落户老河口，这家在全国菜籽油加工行业拥有自主创新产权五项第一的企业，看重的是老河口丰富的农业资源。

老河口是全省重要的“双低”油菜产地，又处在鄂豫川陕四省交界地。在奥星粮油公司的布局中，鄂西北是其中重要的一环，他们决定把老河口建设成为华中地区油料发展的桥头堡和集散地。

如今，奥星粮油公司具有年处理油料20万吨、精炼一级油10万吨、年灌装小包装油200万箱的加工能力，成为全省大型油料加工企业，2009年实现产值25亿元。

引进湖北奥星粮油工业有限公司，成为破解农民“增产不增收”这一市场怪圈的突破口，也成为老河口农业发展的拐点。

湖北奥星粮油工业有限公司的落户，直接带动了整个老河口乃至周边地区油料产业的发展。全市11万亩“双低”油菜，全部列入奥星粮油公司原料供应基地，每年为企业提供近两万吨的加工原料。同时，湖北奥星粮油工业有限公司还辐射带动新疆、河南、四川、湖北等4个省(区)70多个县市的油菜生产基地建设。

2009年，老河口油菜种植面积扩大到15万亩，但是油菜籽“卖难”的情况没有出现。相反，老河口油菜籽价格，每公斤比周边地区高出0.2元。仅涨价一项，农民就从中受益超过200万元。

继湖北奥星粮油工业有限公司之后，香源达、香园等省级龙头企业相继落户。截至目前，全市农产品加工企业达到92家，其中省级重点龙头企业5家，网罗农产品基地122万亩，转移安置农村富余劳动力7000多人，农民增收的80%以上来自产业化经营，农产品加工转化率达到50%。

老河口决策者从湖北奥星粮油工业有限公司得出结论，将老河口农业资源优势转变成经济优势，必须靠工业来牵引，靠龙头企业来“催化”。

他们一方面“筑巢引凤”，引进国内大型农产品加工企业；另一方面“抱窝孵蛋”，注重扶持本地农产品加工企业，帮助这些小企业成长为带动全市农业发展的大龙头。

华松科技有限公司就是在老河口这片土地上成长起来的本土企业。10年前，公司还只是一个小化工企业，厂区面积不过10多亩。2006年，老河口市扶持华松科技有限公司做大做强，拿出70亩土地建立新厂。企业投资了6000万元，年生产1.5吨辣椒碱、450吨辣椒红色素、210吨辣椒精，年实现产值2.64亿元，利税3650万元。2010年，老河口市又在开发区为公司配置土地，启动第二轮快速发展计划。

劲旺油脂公司5年前还是小型的手工作坊，老河口市拿出80亩土地建新厂房，企业利用米糠进行二次开发，从中提取优质米糠油、硬脂酸、油酸、油蜡等产品，现已建成年产7.2万吨新型谷物调和油生产线，成为中部地区大型的谷物原料加工生产基地。

华松科技有限公司、劲旺油脂公司的迅速发展，给老河口农民和农业带来了直接收益。华松科技有限公司带动当地辣椒种植面积发展壮大，迅速达到5万亩，成为农民新的增收点；劲旺油脂公司让农民手中的米糠迅速升值，仅此一项，每年为老河口农民增加100多万元的收入。

梨花湖、华晟等一大批本土企业的崛起，使老河口市规模以上的农产品加工企业达到55家。2010年老河口农产品加工产业销售收入将达到50亿元，占全部工业产值的30%。

政策扶持做大做强

为把农业产业化龙头企业做大做强，近年来，老河口市围绕水果、粮油、花椒、养鸡、养猪等五大资源优势，培育五大产业，实行了“四个一”的举措：即一个产业落实一名市级领导负责，成立一个产业化工作专班，投入一笔资金，招商引进一批项目。

为促进龙头企业发展,老河口市首先是加强基地建设。根据梨花湖食品、奥星粮油、安瑞淀粉、茂盛面业等企业的发展需要,老河口在动员社会发展优质专用小麦的同时,鼓励企业投资新建原料基地,去年已发展优质专用小麦2万亩。针对全市优质专用小麦面积较少的情况,市里出台补贴政策,鼓励农户进行品种改良,2010年,全市优质专用小麦面积可增加1万亩;为使养鸡产业形成规模效应,政府实行以奖代补政策,发展一个养鸡户,奖励500元。

在抓基地建设打基础的同时,老河口市依靠科技创新、技术改造、招商引资等措施,促进龙头企业上档次、上规模,增强辐射功能。

回天油脂公司是以生产食用油为主的民营企业,产品科技含量低。为增强其带动能力,市政府全力支持企业发展。去年他们开发出从大豆、油菜籽中提取生物柴油的项目,市政府对其固定资产、技改贷款投入实行贴息,仅去年一年,公司引进先进设备的资金就达1000多万元。公司新上项目投产后,市里规定所得税市级留成部分先征后返,用于企业发展。

随着农业产业化进程的加快,规模经营与一家一户小生产的矛盾开始较为突出。老河口市大胆借用企业改革进程中所有权与经营权分离的做法,在不改变土地承包权的基础上,按照“依法、自愿、有偿”的原则,出让经营权。

说起土地流转,老河口农业部门总结了八个字:“依法、依规,合情、合理。”他们解释说,所谓“合情、合理”,就是在调整中充分考虑到农民的利益。

为了给农业龙头企业金薯公司提供充足的原料,该市计划在李楼、张集两镇兴建5000亩优质红薯基地,村民对土地调整没多大意见,就是担心不种田了,怕日后街上的米涨价,要求按人头留下口粮田。老河口相关部门得知后,尊重村民的意见,将靠近各个自然村的田块留下来,分给大家种粮,消除了村民的顾虑,使土地调整顺利进行。

近两年来,该市通过租赁经营,仅发展各类农庄就有90多个,面积1.2万亩。这些措施在保护农民利益的同时,也使龙头企业有了稳定的原料基地。

传统农业向现代农业迈进

借助优势农业资源,老河口的龙头企业逐步壮大。而凭借无形的市场之手,龙头企业正在推动老河口传统农业升级转型,向规模化、标准化的现代农业迈进。

华晟公司是一家生产果汁和时尚果脯、水果罐头的企业,在全市建有3000多亩的原料种植基地。农民按照公司要求种植梨桃、山药、蘑菇、蔬菜等,公司按合同价进行收购,公司与农户建立了紧密的合作关系,订单农业模式深入人心。

2009年,华晟公司又在洪山嘴建设5000亩果蔬原料示范种植基地。其中,农户每种植一亩芦笋,公司补贴200元,公司和当地农户签订回收合同,约定每公斤最低保护价5元收购,低于市场价后,按市场价格收购。在这里,农民既是种田更是学习,10

多个高产优质果蔬新品进园试种，农民大开眼界。育苗、施肥、采收……规范的操作程序，让农民们切身感觉到，种果菜也要有工业化的流程。

兔业养殖屠宰加工龙头企业煜婷公司的进驻，加速了肉兔由小规模散养向大规模标准化养殖的过渡。近两年，该公司采取"公司+基地+农户"模式，从种兔供应、技术指导、饲料供应到商品兔回收提供"一条龙"服务，发展标准化养兔场50多个。在全市散养农户数量大幅缩减的同时，该市肉兔养殖大户迅速增加。

农产品标准化生产，加速了产品提档升级。在老河口，"奥星"牌菜籽油成为"湖北优质菜籽油"，"汉水"牌砂梨、"回天"牌食用油、"梨花湖"牌面条、"仙仙"牌水果罐头、"民发"牌粉条和"竹林桥"牌系列香米等产品，通过了国家"绿色食品"标志产品认证。

梨花湖食品：
做带有文化的面条

•姜华山•

“玉树琼葩”、“雨中梨花”，一幅绝美的画面，一根充满诗意的面条。

“营养、健康、创意、文化”，梨花湖所生产的面条不仅质优味美，而且蕴藏着美的文化。

梨花湖，梨花香，莫相望，忆余香……这是一幅多么美妙而令人向往的画面！此时，如果把这幅画面与我们经常食用的面条联系起来，恐怕你无论如何也不会相信。但事实的确如此。

在湖北省老河口市，有一家叫梨花湖食品有限公司的企业，他们所生产的面条不仅质优味美，而且蕴藏着美的文化。比如“玉树琼葩”，这是一种宽面产品，面质白清如雪，玉骨冰肌，靓艳含香。吃起来很容易让人想起这样的诗句：“从来绝代玉迎君，姹紫嫣红不近身。向使东君留艳色，如何今日绽清香。”还有“雨中梨花”，这是一种圆细面，煮后犹如雨中梨花，妩媚动人，清香入口，真正像一个体贴入微的女子，虽然因你自伤微怒，却还会用温柔的泪帮你抚平伤痕。真可谓“面痕白露春含泪，醉解千杯伤”。

一幅绝美的画面，一根充满诗意的面条，让我们在惊叹企业绝佳创意的同时，更想探究孕育出这个创意的母体——梨花湖食品有限公司。

拔节生长

尹新波，梨花湖食品有限公司董事长。中学毕业后，尹新波招工进入老河口市粮食工贸二公司工作。在公司，年轻的他脏活累活抢着干，很快就被提升为车间副主任。1998年，事业已小有所成的尹新波却做出了一个让家人和朋友诧异的决定——放弃舒适的工作，离岗创业。

他看到了中国食品加工业广阔的市场前景，并凭着敢闯敢创的冲劲，2000年10月，成立了湖北梨花湖食品有限公司（以下简称“梨花湖公司”）。公司位于湖北省老河口市，源远流长的汉江绕城而过，汉江之中有美丽的梨花湖。这里是汉相萧何的封地，伍子胥的故里，历史文化悠久；这里也是南水北调工程的水源源头，水质常年达到国家直接饮用水标准，湖水清澈；这里还是襄樊梨花节的举办地，在梨花盛开的季节里，文化节目精彩纷呈，梨花文化名扬四海。更为重要的是，这里地理位置十分优越，北靠河南——国家小麦主产区，有丰富优质的小麦资源。

创业伊始，仅凭视野与冲劲是远远不够的。善于学习的尹新波，购买了10多本粮食加工书籍刻苦钻研，并到省内外大中城市多次考察市场。

经过尹新波不懈的努力，梨花湖公司由小变大、由弱变强，公司生产的“梨花湖”牌系列挂面在市场上供不应求。

2008年，梨花湖公司开始扩大生产规模，在老河口市经济开发区征地66亩建设新厂区。2009年5月完成投资2800万元，建成日产90吨的中温挂面生产线两条，加上老厂区的日产50吨挂面生产线，公司的生产能力已达到日产挂面140吨。

除了面条生产线，公司还拥有一条日产150吨面粉的面粉生产线，自主生产制面条用面粉，这样不仅可降低生产成本，而且能够保证原材料的品质、确保产品的质量稳定。

2010年，梨花湖公司还将上马两条挂面生产线，目前，生产线基础建设正在施工中，力争3月基建工程完工、设备安装到位进行试生产。全部项目竣工投产后，公司在行业内挂面生产规模将达到全省第一，进入全国十强；公司总生产能力将达到年产挂面7万吨，非油炸杂粮方便面7000万包；就地转化小麦、玉米等农作物8万吨，直接为农民增收690万元。

据梨花湖公司副总经理张翔浩介绍，2009年，公司全年销售收入预计可达1.5亿元。而2010年则有可能实现翻一番的目标。

品牌发力

继2009年9月获得湖北省著名商标的称号后，不久前，梨花湖公司又获得了“湖北省名牌产品”的殊荣。

这一项项荣誉的获得，与梨花湖公司在生产经营、营销推广、品牌建设等方面所做的努力是分不开的。

“公司去年研发出了‘杂粮即食面’系列产品，你看，这是一种由玉米面和淀粉制成的即食面，打开包装后用开水冲泡5分钟就可以食用，既方便、又有营养。”张翔浩拿着一包金黄色的面条递到了记者手中，“下一步，我们将对这一系列产品进行大批量生产。”

据了解，梨花湖公司目前共有70多个品种的面条产品，从普通挂面到非油炸杂粮方便面，价格从高到低，覆盖了不同的市场。2008年前，该公司生产的产品大部分是附加值低的传统挂面，随着市场竞争的加剧，企业发展的需要，公司加大了对高科技含量产品的研发力度，开发出了一批具有高附加值的新产品，使企业在市场竞争中走在了前列。

目前，公司生产的"梨花湖"牌挂面畅销襄樊、十堰、武汉、宜昌、恩施等省内大部分地区，远销广东、广西、湖南、河南、江西等省区。由于市场空间大，下一步，陕西、四川市场将作为公司的主攻方向。

2009年4月，梨花湖公司与华中农业大学达成合作意向，采用该校生命科学技术学院专利技术，提取具有提高人体免疫力、降血脂、降血糖等功能的灵芝多糖，生产"灵芝多糖挂面"产品，目前，该项目已经完成实验室试验，正在车间进行中试，为大规模生产做准备。

为进一步扩大公司的知名度，2009年，梨花湖公司与成都一家知名广告传媒公司达成合作，为其量身定做营销策划和品牌包装方案，使梨花湖公司在企业名称、标志、宣传口号、产品造型、招牌、包装等方面实现了统一，为"梨花湖"品牌的推广打下了基础。2010年，系统的营销方案确定后，梨花湖公司将在广播、电视、报纸、户外等各类媒体做品牌宣传和推广。

而在营销渠道建设上，梨花湖公司将改变过去批发多、零售少的格局，在重点市场发展两家以上的经销商，分别从事批发、零售业务，不断提高商场和超市销售的比重，提升品牌档次。

植入文化

"占断天下白，压尽人间花。"梨花湖公司无论是对产品的追求，还是对企业经营管理的风格定位，都流露出一种浓浓的传统文化。

在产品研发上，梨花湖公司追求"营养、健康、创意、文化"的理念。生产食品，首先营养和健康是第一位的；其次是好的创意，要不断推出新产品；再次，让食品和文化结合起来，让消费者感受到一种文化品味，增加产品的附加值。为了做到这一点，梨花湖公司不断引进先进生产设备、高素质人才，以科学的管理理念来满足市场上顾客对产品和服务提出的新要求。春节过后，一名博士生和两名研究生将加盟梨花湖公司，担负起公司新产品研发的重任。

在企业管理上，梨花湖公司一直坚持"以人为本"、"诚实守信"的理念，提倡团队精神，发挥员工的个人潜能和协作精神，激发员工"以厂为家"的献身企业的责任感；提倡诚信经营，对待客户服务至上，质量至上，力求达到双赢的效果。利润对企业的生存发展至关重要，利润是企业的直接目的，但在梨花湖公司，几乎每一位员工都知道"以人为本"、"诚实守信"是他们实现利润的前提条件。

尹新波经常说的一句话是："人人有爱心，和谐相处土成金。"四川汶川发生大地震，尹新波不仅个人捐款4000元，同时，还把价值6万元的20吨"梨花湖"牌系列挂面捐赠灾区。"企业也肩负着重要的社会责任，回馈社会，捐助慈善事业，是企业的重要使命。"尹新波说。

近年来，尹新波先后被老河口市、襄樊市、湖北省授予"创业明星"荣誉称号。梨花湖公司也成为湖北省农业产业化重点龙头企业。“梨花湖”系列优质挂面先后获得“湖北省首选知名品牌”、“湖北农博会最佳畅销奖”、“湖北省质量信得过品牌”和“湖北省放心面条”等荣誉称号。

未来3~5年,梨花湖公司的发展愿景是成为中国著名食品品牌,让全国各地的消费者都能吃到公司生产的优质面条。

梁红星：
重振中国菜籽油的践行者

•姜华山•

他倾力打造奥星菜籽油品牌，一举摘得首个“湖北优质菜籽油”桂冠；他广泛争取舆论支持，使湖北人重新认识、消费身边的健康营养油；他创新经营模式，被国家证监会作为“奥星模式”大力推广；他还牵头成立了油菜加工产业技术创新战略联盟。

梁红星看上去很年轻，略显得有些瘦小，虽已步入不惑之年，但给人的第一印象却仅有30岁左右，很难把他与湖北奥星粮油工业有限公司(以下简称“奥星公司”)董事长这一头衔联系在一起。

然而，人如其名，在湖北尤其是在粮油界，他正像一颗新星，日益受到人们的关注。

他自主创业、胆识过人，是“全国创业之星”。他带领公司倾力打造奥星菜籽油品牌，其卓越的产品品质艳压群芳，一举摘得首个“湖北优质菜籽油”桂冠，改变了在人们传统思维中菜油油烟多、芥子味重、颜色黑等不良感官印象，使人们对菜油有了全新的认识和价值定位，一举将湖北菜油推上了千家万户的餐桌，使中华民族传统的食用油消费习惯得以延续。他创新经营模式，被国家证监会作为“奥星模式”大力推广。他还牵头联合国内高等院校、科研院所和重点企业，成立了油菜加工产业技术创新战略联盟，这是国家(科技部)批准的36个技术创新联盟之一。2009年底，奥星公司被授予国家 (农业部)农产品加工技术研发粮油加工专业分中心。此外，梁红星还是国家标准委员会油脂专业分会团体委员。

“作为炎黄子孙，我想到全球化和中国油菜产业的复兴；作为粮油加工者，我想到国民体质和人间大爱；作为龙头企业负责人，我想到责任和父老乡亲的脱贫致富。”梁红星说，这是他努力做大做强奥星品牌的不竭动力。

创新与求新

2006年，梁红星多番考察后发现，老河口市油菜种植面积广、产量高，加之当地政府部门对农业的扶持力度大，于是决定在此投资兴业。此时他已在粮油产业摸索了十几年，有了深厚的行业知识积淀和成熟的经营管理战略意识。

2006年9月，首期投资1.2亿元的奥星公司在老河口市城东工业园区动工兴建。2007年6月，公司正式投产，主导产品为“奥星”牌菜籽油和饼粕，当年完成产值4.7亿元，实现销售收入4亿元，2007年菜籽收购和加工量均位居全省第三、全国第八，创造了令业内人士惊叹的“奥星速度”。

许多了解梁红星的人称他敏捷灵活、满腹韬略。在2008年受国际金融危机影响、全行业性亏损的严峻形势下，梁红星创新经营模式，充分利用金融衍生品等新型经营手段，设定了完整的风险控制程序及快速定价机制。即利用粮油期货市场进行“套期保值”，降低库存风险，设定升贴水报价模式，使复杂的定价机制简单化、经营价格透明化、购销人才培训程式化，最终在这场行业危机中成功突围。2008年奥星公司油菜籽收购和加工量上升至全省第二位、全国第七位，实现销售收入11亿多元。“奥星模式”火热地在全国推广。

梁红星还十分重视产品研发和技术创新。早期，由于加工工艺、生产技术上的瓶颈没有突破，传统菜籽油芥子味重、油烟多，一度超市难寻、主妇不爱。在梁红星的领导下，奥星公司专注打造菜籽油“星”品质，从源头抓起，创建双低油菜板块基地，保证优质菜籽原料供应；引进现代化生产设备，并与一流科研院所、顶尖油料专家结盟共建产品研发基地，保证加工工艺领先和产品质量更优。通过技术创新、产品创新，使奥星纯香压榨、浓香压榨、双低冷榨等颇具特色的菜籽油系列产品，不仅去除了菜籽本身的芥子味，还留住了菜籽油的独特芳香，最大限度地保留了油的活性成分和植物甾醇、天然维E、叶黄素等微量营养物质，使湖北菜油焕然一新，更能适合不同消费者的口味。

川、渝、陕、晋等广大农村地区有消费浓香菜籽油的习惯，为此，奥星公司在国内首创20℃以下低温脱胶、脱磷、脱水新工艺，该工艺不但保留了菜籽油独特的芳香，又使产品完全达到了国家标准，解决了长期以来浓香菜籽油达到国家卫生标准却留香难的问题。

2008年7月，奥星公司又首创了火锅专用菜籽油、早餐面专用油等系列产品。为菜籽油产品多样化、消费便利化、市场大众化创造了极大的消费市场。

细节决定成败，在追求卓越的梁红星看来，创新无处不在。2010年，梁红星又将创新的目光聚焦在了产品包装上。

目前，奥星公司推出的精品菜籽油用铁罐替代透明食用油瓶包装，使奥星纯香压榨菜籽油、浓香压榨菜籽油、双低冷榨菜籽油等颇具特色的菜籽油新产品更上档次、更具品位。新形象设计的铁罐装菜籽油一面市便吸引了领导的高度关注，也吸引了无数喜欢“新板眼”的市民。

梁红星介绍，食用油采取透明塑料瓶包装有两个不足：一是塑料会微量溶解在油脂里，有害人体健康；二是透明包装容易导致食用油光氧化，缩短保质期。而使用铁罐包装既稳定又避光，可以有效解决这两个问题，铁罐包装菜籽油更安全、更健康，保质期可达到2年以上。

忧心与勇气

在与梁红星的对话中，他对中国油料行业了如指掌，如数家珍，但却始终显得忧心忡忡。

1985年以来，我国油菜种植面积和总产量均居世界首位。2002年以前，我国一直是世界上最大的菜籽油消费国，菜籽油是我国百姓下厨的第一选择；随着大豆、豆油进口的增加，菜籽油消费开始退居第二；其后随着棕榈油进口的增加，2006年起菜籽油消费位居第三位，而且呈继续下行之势。

目前主导中国食用油市场的三大品牌中，来自全外资"丰益国际"的金龙鱼已独占50%的市场份额；"福临门"的大豆原料主要靠美国ADM供应；"鲁花"的资本结构中有25%为丰益国际所有。跨国粮商已从上游原料供应、中游生产加工到下游市场渠道，实现对中国食用油的全链条控制。

"世界油菜看中国，中国油菜看湖北。"湖北油菜种植面积、总产量、优质率均居全国首位，有"油菜第一大省"之称。

跨国粮商首先击溃了东北大豆，湖北菜籽油免不了是下一个目标之一，其实可以说已经被"半击溃"，或者落入了"怪圈"。"怪圈"就是湖北精炼菜籽油被低价收购，渗入到其他外资品牌类的食用调和油中，然后以高昂的价格出现在千家万户的厨房里。菜籽油价格的低下，导致本来非常优质的菜籽价格不高。

更为严重的是，中国油料产业在全球化背景下的生存危机，正导致农民和消费者对油菜的生产和消费态度悄然发生变化。由于菜籽价格不高，种植油菜远不如在外务工收益，不仅管理由精细"返祖"为粗放，还造成大量冬闲田。

如果说菜籽油比不上棕榈油、调和油、色拉油等外资品牌类的食用油，垮了也无话可说，但事实恰恰相反。

华中农业大学教授傅廷栋院士介绍，衡量食用植物油有两个重要指标：一是饱和脂肪酸含量要低，二是油酸(单不饱和脂肪酸)含量要高。

中国人了解猪油，知道吃多了会导致发胖和心血管疾病。原因就是饱和脂肪酸含量太高。但是，很多人并不知道舶来品棕榈油的饱和脂肪酸含量比猪油还高8个百分点，达51%，更不利于人体健康。而菜籽油的饱和脂肪酸含量且不说与棕榈油比，与其他植物油相比也是最低的。此外，对于人体有益的油酸，双低菜籽油的油酸含量高达61%，仅次于油酸含量最高的橄榄油(75%)。

正是因为认清了棕榈油、调和油、色拉油的"硬伤"和菜籽油的两大品质优势，梁红星才有了把"奥星"做大做强的底气和勇气。

行业扛旗者

除了壮大企业规模、建设自有品牌之外，梁红星带领他的奥星公司，不仅仅只关注创造经济效益，更是以行业扛旗者为己任，立志生产代表中华民族的好油，维护油菜产业可持续发展和国家食用油安全，致力于推广普及油脂健康消费知识的公益事业，改变人们的消费观念，引领食用油健康消费新革命。

长期以来，由于消费者对油脂健康消费知识的匮乏，不了解各类食用油产品的生产工艺及营养知识，再加上国家食用油标准制定只有卫生标准而无营养标准的缺陷，使消费者面对琳琅满目的食用油产品却没有科学的标准和正确的指导思想。并且，外资油脂品牌通过海量宣传广告倡导的色拉油、棕榈油、调和油概念已经形成了中国人的消费习惯和口味，但是其转基因原料和浸出工艺可能对人们身体健康埋下安全隐患。

“只有用科学知识武装头脑，才能让消费者明明白白消费。”获评“湖北优质菜籽油”第一品牌以后，梁红星加快了普及食用油科学知识的步伐。奥星公司在营销菜籽油的同时，更注重挖掘菜籽油的营养价值和文化概念。梁红星一方面亲自参与大量调查工作，收集到民间流传的许多关于菜籽油的思想理念，另一方面积极联系油料专家，通过专家学者的实验数据和专业分析，为这些朴实的民间说法辨伪存真、提供科学合理的依据，使菜籽油作为几千年来中华民族的传统食用油重新焕发了生机活力，并赋予其新时代下健康、营养内涵。

同时，梁红星广泛争取舆论支持，在各级政府部门的支持下，动员主流媒体和宣传机构大力推广菜籽油营养价值和保健功能，使湖北人重新认识、消费身边的健康营养油。

由于奥星菜籽油产品特色鲜明、概念突出，奥星品牌的知名度、美誉度不断提升，一度形成了政府、媒体共同倡导“湖北人吃湖北的菜籽油”、专家领导力荐湖北优质菜油的可喜局面。这股热潮大大提振了菜籽油消费市场的信心，逐步培育了人们的菜籽油消费习惯，引领了食用油健康消费的新潮流。通过消费拉动生产、通过品牌提升农产品价值，这对推动油菜产业发展具有重要而深远的意义。

如今，奥星菜籽油已经进入中百仓储、中百便民、武商量贩、家乐福、沃尔玛、新一佳等各大连锁超市。而且，在奥星的带动下，市场上已陆续出现了10多个菜籽油品牌，市民正在重新认识菜籽油。“只有更多的菜籽油品牌进入市场，才能把市场蛋糕做大。在优胜劣汰的过程中，奥星的品质经得起市场的检验。”面对竞争，梁红星没有感到压力，反而看到了希望，短期内，他绝不会涉足其他行业。

目前，奥星公司的产品销售不断增长、品牌价值不断提升，正在实现发展方向由加工型向品牌型的转变，并将参与国家菜籽油标准的制定。

湖北省油料专家认为，如果能充分挖掘潜力、提高单产、加快资源整合步伐、做足精深加工、做好综合利用，湖北油菜产业可在现有约200亿元的基础上，发展到1000亿元。对此，2009年湖北省启动了“一壶油”工程，而奥星被列为“湖北优质菜籽油”第一品牌加以培育。

但梁红星并不满足于只做湖北省名牌产品，他的目标是“奥星就是双低菜籽油，双低菜籽油就是奥星”。梁红星解释：“这不仅是全体奥星人坚持不懈的努力方向和奋斗目标，而且表达了奥星品牌建设的信心和决心。公司需要不断努力，深入打造品牌，让人们提起奥星就想到奥星代表了中国最优秀的双低菜籽油品牌，提起双低菜籽油就会想起最好的品牌是奥星。”

梁红星说道，2009年以来，奥星在市场搏击的成绩表明，菜籽油确实存在市场空白。消费者对湖北优质菜油不断增强的消费信心和信赖感，给了奥星成长与发展的信心和动力，激励着奥星打造“星”级品质菜籽油，也让他对未来奥星菜籽油走向全国更有信心。

Part 5

福建莆田

稻田

福建天下农庄食品有限公司

福建东南香米业有限公司

面粉

东圳水库

涵江区

游面粉发展有限公司

莆田市

仙游县

华港农牧集团

饲料

秀屿港

东峤镇

马祖庙

湄洲岛

莆田：

演绎海西粮安模式

•魏俊浩•

妈祖信众的朝拜圣地，丰厚的文化底蕴，如诗如画的景色……然而这座城市的粮食自给率只有29%。对此，素有“中国犹太人”之称的莆商用一个个“中国名牌”产品来填充着这座城市的粮仓。不可多得的天然深水港和四通八达的交通，也为莆田广纳粮源、在本土加工并实现增值的模式提供了可能。

“荔城无处不荔枝，金覆平畴碧覆堤。围海作田三季熟，堵溪成库四时宜。梅妃生里传犹在，夹漈藏书有孑遗。漫道江南风景好，水乡鱼米亦如之。”文坛泰斗郭沫若的一首诗，不仅写出了福建省莆田市农业的发展状况，更是生动地描绘出了莆田的无限风光。

莆田是海上和平女神妈祖的故乡，史称“兴安”、“兴化”，又称“莆阳”、“莆仙”，因盛产荔枝，别称“荔城”。地处福建沿海中部，与台湾隔海相望。全市面积4200平方公里，设置仙游县、荔城、城厢、涵江、秀屿4区和湄洲岛管委会，人口302万，其中50多万人常年在外经商从业。

作为八闽古府，莆田历史文化悠久厚重，建城已逾1400年，曾诞生过2400多名进士、12位状元、14位宰辅，哺育了林默、蔡襄、郑樵、林光朝、刘克庄、陈文龙、林兆恩、江春霖等著名人物。目前有近万名高级职称莆籍人才遍布全国，其中两院院士14人。

从“文献名邦、海滨邹鲁”誉满天下到妈祖文化名扬四海，从钱四娘治水到木兰溪综合治理，从先人远涉南洋到当代莆田人闯天下，从孙中山构想东方大港到建设新兴港口城市，一幅幅生动的画面，一部部壮丽的诗篇，蕴涵着莆田人民艰苦奋斗的不朽精神。

地属亚热带海洋性季风气候的莆田四季佳果飘香，终年鲜花争艳，拥有旖旎的自然风光：壮观奇特的高山，一马平川的平原，波光粼粼的海湾；春九鲤，夏湄洲，秋白塘，荔乡情韵，壶山雨景，兰溪流水，广化寺的千年钟声，南少林的武术渊源……然而，这座城市的粮食自给率只有29%。为此，勤劳勇敢的莆田人多年以来一直与灾难奋战，向大自然挑战，在莆田农业发展史上写下了浓重一笔。

作为妈祖信众的朝拜圣地，莆田有着丰厚的文化底蕴，不可多得的深水港口，四通八达的交通，以及快速提升的临港工业和急剧上升的十大产业等，在新的时代，创造着属于自己的辉煌，无愧于“中国木雕之城”、“中国木业之城”、“中国古典工艺家具之都”、“中国珠宝玉石首饰特色产业基地”、“田径之乡”、“篮球城市”、“戏曲之乡”、“绘画之乡”、“摄影之乡”、“全国科技进步先进城市”等国家级桂冠。

妈祖故乡

“天下妈祖，根在莆田。”提起莆田，不能不说妈祖。

每年农历三月廿三和农历九月初九，莆田都会迎来一个盛会，而对于全天下的妈祖信众来说，更是一个节日，分别是妈祖的诞辰日和升天日。每到这个时候，来自世界四面八方的妈祖信众纷纷赶赴圣地湄洲寻根谒祖、割火过炉、祈祷平安。

妈祖是福建望族林氏后裔。祖父林孚，官居福建总管。父林愿(惟殷)，宋初官任都巡检。妈祖世称默娘、娘妈，自幼聪颖灵悟，成人后识天文、懂医理，相传可“乘席渡海”，能“言人休咎”，又急公好义、助人为乐，做了很多好事，深受人们爱戴和崇敬。

北宋雍熙四年(987年)农历九月初九，年仅28岁的妈祖羽化升天。此后，妈祖多次显灵救助苦难，在人们遇到困难时只要求声“妈祖保佑”，妈祖就会闻声而至，人们就能逢凶化吉，遇难呈祥。

有关历史资料记载，北宋宣和五年(1123年)路允迪出使高丽(朝鲜)途中，船遇大风巨浪，“八舟七溺”，唯有路允迪“祈求妈祖保佑”，忽而一道红光出现，只见有一朱衣女子端坐桅间，瞬即风平浪静，终于平安脱险。路允迪返朝后奏明圣上，宋徽宗下诏赐“顺济”匾额。

从此，历史上有众多人士受到妈祖的庇佑，留下许多故事。历代皇帝对妈祖进行了30多次的褒封，其爵位从“夫人”、“妃”直至“天妃”、“天后”，并被人们尊称为“天上圣母”。

同时，皇帝还颁诏天下行“春秋谕祭”。北宋雍熙四年，妈祖升天后，人们怀念她、纪念她，就在湄洲岛建庙祭祀。这庙宇就是最早的妈祖庙。据文献记载，当时的庙宇仅“落落数椽”，但“祈祷报赛，殆无虚日”。

后来经过演绎发展，终于形成了反映人类追求“真、善、美”的妈祖信仰。随着时间的推移，妈祖信仰不断传播到世界各地。

据统计，如今世界上有妈祖信众近两亿，妈祖庙近5000座，遍布在美国、日本、新加坡、印尼、马来西亚、菲律宾、泰国、越南和缅甸等20多个国家和地区。

在港、澳、台地区，妈祖信仰非常普遍，台湾岛有占总人口2/3的人信仰妈祖。

莆田市湄洲妈祖祖庙是世界所有妈祖庙之祖，每年都有成千上万的妈祖信众从世界各地会聚湄洲。

妈祖文化的开放意识更是孕育了莆田商人“勇闯天下、志在四方、吃苦耐劳、自强不息、恋祖爱乡、报效桑梓”的精神。

据不完全统计，目前世界各地共有100多万莆商(包含莆田几大粮油加工企业的领军人物)，其中海外莆籍商人70多万，足迹遍及40多个国家和地区；国内各大中城市活跃60万莆商，创办各类企业3万多家，涉及建材、医疗、加油站、金银首饰、饮食服务等100多个行业，年创产值2000亿元，成为福建商界的一支劲旅，被称为“中国的犹太人”。

探寻粮安之道

商业的繁荣没能掩盖缺粮的现实。

据统计，莆田市现有耕地113万亩，人均0.36亩，相当于全国平均水平的26%，全省平均水平0.6亩的60%。目前全市常住人口310万人，年需口粮53.5万吨，此外，饲料、工业、种子等年需用粮51.5万吨，年消耗粮食总量约105万吨。而去年莆田全市粮食总产量只有31.03万吨，缺口74万吨，占消费量的71%，自给率仅29%，成为继福州、泉州、漳州之后的第四缺粮大市。

据有关部门研究预测，随着产业结构调整和经济社会发展，人口、工业和城市化用地的增加，今后10年，莆田市全年粮食消费量将上升至130万吨~150万吨，缺口粮食需从福建省南平和三明等省内产地和东北三省、江西、江苏、安徽等省外粮食主产区调入。

在粮食流通方面，莆田市也面临着一定的问题。从运输粮食的车队看，莆田现有各种从事物流货运车辆8000多部，其中大部分是老式货车，不能满足散粮运输的要求。急需组建散粮集装箱与散粮汽车运输专业队伍（运力至少要达2000吨），配置标准集装箱运粮车辆和散粮汽车。

从仓储条件看，莆田市地方国有粮库9.5万吨仓容中，除市购销公司的秀屿粮库和笏石粮库共有仓容5万吨，为20世纪80年代末90年初建造的以外，其余4.5万吨均为小库，且大部分分散在山区沿海，仓房破旧，设施简陋，交通运输不便，无法适应散粮储藏要求。

“粮食安全”时刻考验着莆田的神经。

任何困难都难不倒莆田人。改革开放以来，莆田市粮食部门不断深化企业改革，创新企业经营机制，提高企业竞争力，同时，加强行业管理，维护粮食流通秩序，扶持多元粮食经济主体发展，努力推进粮食产业化，确保了莆田市粮食安全和市场稳定。莆田市各级部门也把发展粮食产业化作为当地的一项重要工作来抓，使得粮油食品产值产量快速增长，粮油加工技术显著提高，形成了以稻谷加工、小麦加工、油料加工和复制品加工为主的较为完善的粮油食品加工体系。

目前，莆田市已列入粮食流通统计的粮油加工企业有31家，年产大米50多万吨，面粉25万吨，油脂5万吨，粮食复制品4万吨，拥有固定资产2.6亿元，从业人员达1200余人。一批粮油食品加工企业也逐步走向规模化、产业化和品牌化，这其中就包括福建天下农庄食品发展有限公司和东南香米业发展有限公司。

这在一定程度上减轻了莆田的缺粮危机，也为莆田经济的平稳发展创造了条件。

与此同时，被称为福建省四大平原之一的南北洋平原，以及主产粮食和甘蔗的东西乡平原，均有着肥沃的土地；典型的亚热带海洋性季风气候，日照充足、温度适宜，适宜农作物的一年三熟栽培；天然优良的秀屿港可以吞吐10万吨粮食货轮，以及筹建粮食批发市场推动“北粮南运”、“北粮南储”等，均在一定程度上保障了莆田粮食安全。

产业集群崛起

2006年1月23日，全球第一大啤酒巨头比利时英博啤酒集团以最高报价竞走了福建雪津啤酒有限公司国有股权，这是迄今中国啤酒业数额最大一宗收购案，一个世界啤酒业巨头对仅占有福建及周边部分市场的地方企业如此看重，让台湾海峡西岸的莆田市一下子吸引了全国乃至全球关注的目光。

雪津在产权市场的强劲表现，折射了莆田这块土壤的强大孕育能力，也显现了莆田融入福建新一轮经济发展的强劲势头。

而此前，一条鳗、一根蔗、一只鞋则是对莆田经济产业结构的形象概括。工业上单一的经济结构，一度制约莆田的工业迅速发展。随着莆田不断地调整工业结构、大力发展新兴产业群，如今，在湄洲湾畔崛起了工艺美术、林产加工、制鞋、纺织服装、食品、电子信息、化工、机械制造、能源和医药医疗器械等十大产业，成为海峡西岸的重要制造业基地。

作为莆田传统工业的粮食食品工业，在企业健康发展的同时，责无旁贷承担起了为这座城市提供粮食的重任。

肩负着这种责任，福建天下农庄食品发展有限公司和东南香米业发展有限公司逐渐成长壮大，成为莆田粮食食品加工行业的领军企业。

莆田粮油食品工业初步形成了以这两家企业为代表的稻米精深加工、以仙游面粉厂为代表的小麦精深加工、以我能食品公司为代表的食用油精深加工和以康华饲料公司为代表的饲料生产等产业集群。

其中，福建天下农庄食品发展有限公司和东南香米业发展有限公司还成为第一批国家级农业产业化重点龙头企业，已被国家粮食局和中国农业发展银行列为全国重点支持的粮食产业化企业。

两公司还充分发挥产业化龙头企业信息引导、品牌产品、加工和销售等优势作用，在省内外建立订单优质粮食生产基地达85万亩，年带动23.8万户农民增收1.64亿元。

发展产业集群，是实现工业化的新途径，也是实现工业增产由粗放型向集约型转变的新模式，更是一个地方经济上升的重要支撑点。“十一五”期间，莆田市政府将进一步向集群发展，突出重点产业地位，引导投资方向，完善产业集群发展的政策体系和服务体系，为重点产业发展创造空间，使新兴产业集群更有力推动该市工业经济高速发展。

海西港城跃动

丰厚的文化底蕴、富饶富足的物质生产、不可多得的天然深水港口，以及急剧上升的十大产业等，为莆田的快速发展提供了坚实的基础和无穷动力。

城以港兴，港为城用，城港互动，港城崛起。目前，“大港口、大交通、大配套、大物流、大腹地”的港口开发建设新格局正在莆田亮丽形成，这也为莆田建设现代粮食物流创造了优厚的条件。

“要努力把海峡西岸经济区建设成为科学发展的先行区和两岸人民交流合作的先行区。”面对福建省新的政策，莆田市更有基础、更有优势。莆田市也迅速做出决定，加快发展港口经济建设，利用好港口岸线这一核心战略资源，全面推进湄洲湾港口城市建设。

湄洲湾、兴化湾、平海湾也将结束长期以来“仅供观赏”的历史，成为莆田经济快步迈进的强力支撑。

湄洲湾是“中国少有、世界不多”的天然深水良港，可建深水作业泊位100个，年吞吐量可达3亿多吨，孙中山曾把秀屿港定为我国东部必须建设发展的六大巨港之一，写入《建国方略》。

未来，莆田也将推进秀屿港区、东吴港区和罗屿港区的开发建设，加快建设罗屿25万吨级以上大型深水码头、10万吨级专用码头、10万吨级多用途码头等十个港航项目，力争2010年港口吞吐量达到5000万吨的目标，加快建设出口加工区和物流、仓储、保税区等港口配套设施，主动对接国内外大型航运公司，开辟更多的国际航线，构筑出海上通道，真正把湄洲湾港建设成国际深水中转港、中国东南沿海的重要港口和海峡西岸经济区主枢纽港。

而莆田独特的地理位置也要求其加快“两铁三高”——福厦铁路、向莆铁路、福厦高速公路、福厦高速公路复线、湄永高速公路的建设，以及“一环一机场”的建设。届时，这将带动莆田沿海、山区、平原整体发展，发掘莆田空中交通优势，全方位构建南来北往、东出西进的现代化交通体系，使莆田真正成为海峡西岸经济区重要交通枢纽。

在产业规划上，莆田不断强化产业集聚功能，将着力打造“两个基地”——石化中下游项目基地、国家级LCD特色产业基地；构筑“四大专业集聚平台”——国家级木材加工贸易示范区、工艺美术城（珠宝城）、鞋材交易市场和医疗器械科技园；拓展“五个经济开发区”——莆田高新技术产业开发区、仙游经济开发区、荔城经济开发区、华林经济开发区、湄洲湾北岸经济开发区。通过完善产业发展规划，推动产业大发展，从而实现辐射效应，降低生产成本，提高产业效益，拉动经济发展，使莆田真正成为海峡西岸经济区重要的制造业基地。

“大港口、大交通、大产业、大城市”的大手笔规划战略构想，将推动莆田“基础设施、城市形象、经济实力”的整体提升，也必将为企业的更快更好发展提供强劲的动力。届时，也许粮食问题将不再困扰莆田发展。

海峡西岸经济区

海峡西岸经济区，简称为“海西”，是指台湾海峡西岸，以福建为主体包括周边地区，南北与珠江三角洲、长江三角洲两个经济区衔接，东与台湾岛、西与江西广大内陆腹地贯通，具有对台工作、统一祖国，并进一步带动全国经济走向世界的特点和独特优势的地域经济综合体。

它是一个涵盖经济、政治、文化、社会等各个领域的综合性概念，总的目标任务是“对外开放、协调发展、全面繁荣”，基本要求是经济一体化、投资贸易自由化、宏观政策统一化、产业高级化、区域城镇化、社会文明化。

截至目前，海西经济开发区包括：福建省的福州市、厦门市、漳州市、泉州市、龙岩市、莆田市、三明市、南平市、宁德市；浙江省的温州市、丽水市、衢州市；江西省的上饶市、鹰潭市、抚州市、赣州市；广东省的梅州市、潮州市、汕头市、揭阳市共计20市。海西的概念首先由福建省于2004年1月完整、公开地提出。2006年福建两会期间，支持“海峡西岸”经济发展的字样出现在《政府工作报告》和“十一五”规划纲要中，计划通过10~15年的努力，在海峡西岸形成规模产业群、港口群、城市群，成为中国经济发展的发达区域，成为服务祖国统一大业的前沿平台。

2009年5月，国务院正式颁布《关于支持福建省加快建设海峡西岸经济区的若干意见》，使海峡西岸经济区上升为国家战略。至此，海峡西岸经济区扬帆起航。

海峡西岸经济区是两岸人民交流合作先行先试区域、服务中西部发展新的对外开放综合通道、东部沿海地区先进制造业的重要基地、我国重要的自然和文化旅游中心。

国务院指出，加快建设海峡西岸经济区，必须牢牢把握两岸关系和平发展的主题，加强两岸产业合作和文化交流，促进两岸互利共赢，构筑两岸交流合作的前沿平台；着力转变经济发展方式和增强自主创新能力，提高经济发展质量和水平；着力统筹城乡和区域发展，提高经济社会发展的协调性，加快形成区域、城乡经济社会一体化发展新格局；着力深化改革开放，增强发展的动力和活力；着力改善民生，推进社会主义和谐社会建设；着力加强生态文明建设，提高可持续发展能力，使海峡西岸经济区成为科学发展之区、改革开放之区、文明祥和之区、生态优美之区。

而加快建设海峡西岸经济区从根本上讲要靠改革，建立适合于经济社会发展的新体制；要靠开放，不仅要向台港澳地区开放、向国际开放，也要向全国开放；要靠创新，努力创新体制机制、创新管理技术。

东南香：

破解“以工哺农”难题

•魏俊浩•

一粒稻谷除了加工成大米外，还要用加工大米时产生的碎米、米糠等副产品生产米粉、淀粉糖浆、蛋白粉、米糠油等产品，将剩余谷壳废料作为燃料能源，并从燃尽的谷壳灰中提取二氧化硅，实现资源循环利用。在这里，一粒稻谷做成了大产业。

稻谷除了加工成大米外，还要用加工大米时产生的碎米、米糠等副产品生产米粉、淀粉糖浆、蛋白粉、米糠油等产品，将剩余谷壳废料作为燃料能源，并从燃尽的谷壳灰中提取二氧化硅，实现资源循环利用。在莆田市东南香米业发展有限公司，一粒粒稻谷变成了“黄金”，一粒小稻谷做成了大产业。

东南香米业发展有限公司（以下简称“东南香”）坐落于福建省莆田市涵江区国欢东路，创建于2001年，几年下来，东南香已发展成为占地面积230亩，日产大米1150吨的现代化粮食加工基地，随着产业链不断延伸，形成了集大米深加工、物流、贸易等科工贸为一体的多功能综合型企业。

公司先后通过了各项产品质量、卫生等认证，并获得了“省级高新技术企业”、“放心米”、“中国名牌”、“商务部最具市场竞争力品牌”、“绿色产品”、“国家级农业产业化龙头企业”等多项荣誉称号。

做大一粒谷

东南香米业发展有限公司的萌芽，缘于一粒稻谷。2001年，纵横东北粮食市场多年的黄金龙回到家乡莆田市涵江区，创办起这家米业公司。令人意想不到的是，仅过了3年，东南香就从北京人民大会堂捧回了“中国名牌产品”金匾，这是当时东南沿海业界唯一的一块，东南香实现了名副其实的“香”遍东南。

东南香创业的第一步，是“做大一粒谷”。大米行业是微利行业，竞争十分激烈，没有一定的规模，就很难在市场上做强。因此，公司以“集约化、规模化、品牌化”为经营理念，基地建设与市场建设并重，把优质粮生产基地建设作为企业发展的第一车间，实施“优质粮食产业”和“丰产科技”工程，开创了“公司+技术+农户+基地”的农业产业化发展新模式。

公司根据市场需求，通过种子公司统一供种，在保障种子质量的同时，公司提供一定的种子补贴。农户降低种粮成本，提高种粮效益；技术部门实现了规模推广良种，降低了种子的市场推广费用；企业有效地实现统一供种、统一播种、统一管理、统一收购，有力保证了产品的质量稳定，提高了市场竞争力，扩大了品牌影响力，破解了“以工哺农”的难题。

基地建设，是企业发展的根本，也是促使企业得以生存与发展的生命线。

良好的基地建设，为公司大米加工以及产业链延伸源源不断地输送了大量品质优异的原材料，满足了生产的需要，也满足了市场消费者对于产品高标准、高品质的要求。同时，通过利益联结关系，拉近了农户跟市场之间的距离，切实有效地带动农户实现增收、创利，取得了企业与农户共赢的局面。

做精一粒谷

近年来，东南香相继把“中国放心大米”、“绿色食品”、“国家免检产品”、“全面质量管理达标单位”等殊荣收入囊中，从“中国名牌产品”到荣膺“中国最具市场竞争力品牌”。这得益于其“做精一粒谷”的品牌战略。

东南香走过的是一条“以科技进步促质量，以质量服务求生存，以市场竞争创名牌”的发展之路。公司配备有RDM120、HR10C等先进的日本佐竹和瑞士布勒进口设备。大米加工采用多重去杂、双重选糙、多机轻碾、双级筛碎、二次色选、电脑配米、声波抛光等精细加工的先进生产工艺，确保了产品质量高人一筹。公司还建起先进的信息交流网络系统、万吨货架式成品仓库和准低温原料仓库，并开发出进、销、存及公司物流的ERP电脑软件系统，让大米生产流程、产品销售运作全部纳入信息化管理系统。

自创办之初，东南香便设立技术中心，负责粮食新产品的开发、研制，解决生产过程中出现的技术难题，搜集、整理、吸收技术信息和科技成果。

企业还与福建农林大学、吉林粮院、江南大学等进行技术联姻，为企业的技术创新、技术进步提供保障。在强大的技术支撑下，公司先后通过国际质量管理体系认证、产品质量认证、环境体系认证和卫生安全认证，成为农业部全面质量管理达标单位、农业部名牌企业。

在短短几年时间，东南香开发出三大系列、80多种口感各异、不同档次、品种优良的大米，如“东南香系列”的东北贡、绿竹、东南早等，“贡、珠、门系列”的北极贡、特香米、鲜当早等，还有“景都系列”的碗子米、长富米、鲜之稻等，这些不同名称、不同档次的大米，满足了消费者对不同产品的要求。公司利用开发碎米生产米粉，建立日产36吨米粉生产线，东南香“兴化人”米粉条细如丝，洁白如银，富于韧性，质佳味美，煮、炒、炸皆可，具有独特的地方风味。

做精一粒谷，让东南香不断刷新着福建业界的辉煌。

做长一粒谷

对稻谷原料进行加工后，生成成品大米以及碎米、米糠和谷壳等副产品，碎米、米糠通常用做饲料，其内在价值没有得到充分发掘，并且还出现销售不畅的问题。对此，东南香公司确立了综合开发资源、发展循环经济的发展战略，即“做长一粒谷”，来增强竞争力。

公司利用碎米为原料，生产兴化米粉、淀粉糖浆和蛋白粉，大幅度提高经济价值，同时实现副产品的综合利用。

谷壳作为稻谷的一个组成部分，占用面积大，有时还得请人送出烧做肥料，这样的处理造成了环境污染，也造成极大的资源浪费。公司通过引用稻谷壳锅炉，采用谷壳为原料，代替了原来的煤或电能源。以谷壳为原料燃烧锅炉，产生的蒸汽提供给米粉、糖浆、米糠制油作为热能，每年都能节省很多能源。另外，谷壳燃烧后的灰还可生产活性炭和无水偏硅酸钠。

今年，东南香投资1.1亿元新建的项目即将投产，该项目包括年产大米8万吨加工生产线一条，年产5万吨淀粉糖浆生产线一条，年产15000吨米粉生产线一条，年产10000吨米糠油生产线一条，4万吨稻谷储备仓库及米粉、淀粉糖等产品配套仓库、办公楼、综合楼等设施。

这个一亿多的投资能有多大的回报？一份权威的效益分析报告显示，这个项目建成后每年加工稻谷135600吨，并将有碎米50150吨、米糠50150吨、谷壳77500吨得到充分利用，可为国家节能50490吨标准煤，实现年新增销售收入60600万元，年新增利税3228.33万元。同时，项目还将带动周边地区相关企业发展，推进农副产品深加工产业化。

天下农庄：开创大米产业新模式

•魏俊浩•

打造"健康、营养、绿色"食品，提升广大民众生活品质。福建天下农庄食品发展有限公司在短短数年内便斩获"中国名牌产品"、"全国用户满意产品"和"中国驰名商标"等荣誉称号，申报国家各类专利23项，而其"种植、加工、储藏一体化"的大米产业新模式和"资源—产品—再生资源"的循环经济模式，则为其保持良好的发展态势提供了支撑。

"驰名商标是企业的助推器，它不仅能大大提高天下农庄的知名度，给天下农庄的发展提供一个更好的平台，也有助于促进企业创新发展、锻造品牌，鞭策我们不断进取、做大做强。"在被国家工商行政管理总局正式认定为"中国驰名商标"时，福建天下农庄食品发展有限公司董事长姚建杉这样说。

如今，福建天下农庄食品发展有限公司（以下简称"天下农庄"）通过不断拓展市场、推动企业自主创新、实施品牌带动战略，从全国众多大米生产企业中脱颖而出，在取得国家食品QS认证的基础上通过了ISO9001:2000质量管理体系与产品双认证、HACCP食品安全管理体系认证和ISO14001:2004环境管理体系认证，获得"福建省质量管理先进企业"、"福建省品牌农业企业金奖"、"省级重点龙头企业"、"省级技术中心"、"中国品牌产品"、"全国用户满意产品"和"中国驰名商标"等荣誉称号。

2009年实现产值8.1亿多元，并一直保持着良好的发展态势。

天下农庄，位于福建海峡西岸经济区——莆田市涵江林柄开发区，创建于2001年6月。短短几年时间，它已成为一家以精米加工为主，集绿色健康大米的科研、开发、生产、加工和批发零售为一体的现代化民营企业。

名品名地

"只有好的基地，才有好的品质；只有好的品质，才有好的品牌。"在这种信念的支撑下，2005年，为使产品质量再上一个新台阶，天下农庄斥巨资在中国最美六大湿地之一的"盘锦辽河三角洲"和世界七个重要湿地之一的"鄱阳湖生态湿地"分别开辟了稻谷生产基地，并与当地政府合作，规范和提高农户种植技能，确保原粮达到优质标准。

优质的原粮是"天下农庄"系列大米质量稳定的根本保证,而这种"种植、加工、储藏一体化"的大米产业新模式也有效推动了企业的良性发展,使天下农庄系列产品质量在各方面都得到了实质性的飞跃,为它赢得了"健康主食营养专家"的美誉。

为铸就"天下农庄"大米的卓越品质,天下农庄引进国内外先进的现代化生产流水线和加工检测设备,拥有日本大米色选机、黄曲霉毒素测定仪和可编程控制的电脑配米机等先进加工设备,配备原子吸收仪、气相色谱仪等完善的检测设备。同时,采用国内先进DOS真空和充气自动包装机,安装10台大小包装电脑计量秤,实现计量、封口和空气抽取一系列封存流程自动化,既保证大米成品的准确计量,又延长了成品的保质期。

天下农庄还坚持把"大米最终检验"作为质量控制点,建设大米检测实验室,加强产品检测检验,对关键控制点"原料收购"和"精选、色选"两方面实施有效的预防措施和监控手段,绝不允许不合格的大米流向市场。

不仅如此,天下农庄更注重提高科技创新和自主创新能力,成立由雄厚科研人才队伍组成的研发室。与武汉工业学院等高校科研单位开展产学研合作开发,从消费者健康营养角度出发,积极参与国家"公众营养改善工程",在营养强化大米生产领域取得创新,开创了自动喷涂加膜技术。即在保证产品品质、外观和口感不变的基础上,添加硒、维生素B1、B2、氨基酸、矿物质等营养元素,强化大米营养成分,将"天下农庄"系列大米打造为健康营养强化食品。

该项技术的应用实施,填补了国内外营养强化大米生产领域的空白,特别是硒营养强化大米经福建省科技厅鉴定,技术水平居国内领先地位。据统计,天下农庄目前已获得及申报国家各类专利23项。

正因为有高新技术做保障,有原粮产地的天然优选,有企业对品质的孜孜以求,才确保系列品牌大米的卓越品质。以粳米为代表的粳米系列,具有"冷而不硬,软而不粘"的优良品质;以籼派米为代表的籼米系列,做成米饭润滑柔软,吃时清香爽口,吃后唇齿留香。

过硬的技术、卓越的品质使得天下农庄成为与跨国啤酒业巨头"英博雪津啤酒有限公司"的长期战略合作伙伴和原料米提供者。

"名品名地,领先品质"——这是老百姓对天下农庄由衷的赞誉,也是对天下农庄最大的肯定。

精耕细作

市场网络是品牌的根本,好比一棵刚要入土的树苗,如想把一棵小小的树苗灌溉栽培成一棵参天大树,就需要主人的精心呵护。

对于产品在网络渠道的铺货程度,天下农庄的目标是把"天下农庄"品牌凸现出来,积极配合市场网络渠道,维护到位,使品牌产品销路畅通。

一直以来，天下农庄不断配合代理商做好渠道的基础建设和管理工作，建立完善的销售管理和服务体系、售点广告和促销支持等几个方面，以此增强渠道网络的分销能力，共同开拓市场，更好地促进产品的深度分销。

几年来，天下农庄不断调整产品定位，走差异化路线，加强和扩大技术工艺的投入和使用，进一步提升产品档次，成立品管部，抓好原材料检测关。通过专业技能培训、现场指导、竞赛活动、宣传栏等方式，提高员工重品质的观念，同时提高生产技能，营造品质第一的良好生产氛围，最终为市场提供质量上乘的满意产品。

天下农庄还在上海、福建、广东、浙江等东南沿海多个省市成立办事处，特别在上海建立了大米配送中心和多家直营店，将盘锦基地生产的大米通过营口港码头，船运东南沿海城市。

通过完善一系列管理服务举措，加强市场营销与售后服务培训、加大渠道合作考核和售后服务支撑力度，提高了营销队伍的服务能力和反应速度，提升了渠道掌控力和忠诚度，建立了一支战斗力和凝聚力强的品牌管理队伍。产品畅销东南沿海大中城市，积极促进了北粮南运和区域经济均衡发展格局，满足了城市居民对高品质大米的需求，为开拓全国市场奠定了良好基础。

延伸产业链

天下农庄在有效提升产品的营养价值、使产品达到最优品质的同时，于2007年又在莆田市高新技术产业开发区征地109亩，新建稻米油生产建设项目，对粮食剩余资源米糠、碎米、稻壳等进行综合开发利用。

它将制米过程中产生的米糠和米胚加工成稻米油；将稻壳作为供汽和发电的燃料，将米糠萃取油脂后剩余的糠粕加工成膳食纤维、米糠蛋白、植酸等深加工产品，燃烧后的碳化稻壳灰也将得到有效利用（可用于生产白炭黑和活性炭）；后续还拟将碎米用于生产膨化食品，做到资源精深加工和综合利用。

这一“资源—产品—再生资源”的闭环反馈式循环过程可以达到资源的最大化利用，实现废物资源化，做到资源最少废弃，以最小成本获取最大效益。

公司稻米油生产项目投产后，将形成80吨/日稻米精炼油的生产能力，而生物质汽电联产项目的建成，也将满足公司每天的电和汽的供应，加上后续对发电产生的炭化稻壳灰及糠粕的进一步利用，将为企业带来良好的经济效益。同时，由于稻壳属于可再生的清洁能源，发电后所排放的二氧化碳为农作物所吸收利用，对减轻大气污染作用明显，是一个既可合理利用资源、节约能源，又可保护环境的最优发展模式。

“铸就品牌香飘天下，励志创新根植农庄。”面对未来，福建天下农庄食品发展有限公司正朝着开发营养强化大米、膨化食品、食用油等系列绿色食品深加工项目迈进，延伸产业链，做大做强“天下农庄”品牌，再创“天下农庄”品牌新辉煌。

围垦造田打造特色农业

·魏俊浩·

筑陂围堰，兴修水利，移山填海，围垦造田……从有人类活动的新石器时代开始到现在，莆田农业的发展史就是一部与台风、大潮等大自然灾害抗争的奋斗史。如今，勤劳的莆田人着眼于打造特色农业品牌，实施名牌带动战略，深化与台湾特色农业的合作，从而加快农业产业化发展。

莆田历史悠久，远在新石器时代，这里就有人类活动，秦代为闽中郡的一部分。西晋末，中原战乱，大批南下的士族百姓，带来了中原先进的生产技术和文化，与当地闽越人一起劳动、开发，使莆田的经济文化出现了飞跃。

从唐代开始，莆田县就一直为"望县"（一等县），为福建的主要经济区域，农业结构由单一的粮食种植转向多种经营。到中唐时期，莆田开始兴修较大型的水利工程。建中年间（780~783年）兴建的延寿陂，元和八年（813年）兴建的红泉堤堰，灌溉面积达万亩以上。同时，修建了南北洋大堤和镇海大堤，至此，莆田平原形成，成为福建沿海四大平原之一。

围垦造田创基业

在唐代以前，莆田平原是海潮出没、蒲草丛生的地方。到了唐代，福建经济向沿海发展，莆田平原逐渐得到开发。780年~783年，吴兴（莆田西洙村人）在杜塘围海造田，接着又修筑延寿陂，灌田400多顷。莆田北洋平原开始得到开发。813年，福建观察使裴次元在红泉筑堰，垦荒造田332顷，莆田南洋平原又得以开发。

从唐代到北宋的200多年间，莆田的先民们不断筑陂围堰，兴修水利，移山填海，围垦造田，使莆田人的生活、生存环境有了不小的改变，在南北洋平原上，开垦了不少可耕种的农田。

但灾患并未远离莆田人民的生活，由于唐代修建的水利工程，多以挡潮蓄水为主，工程不配套，功效有限。再加之横贯莆田大河木兰溪没有得到良好的治理和开发，溪两岸洪涝、潮灾仍时有发生，因此，治理木兰溪，变水害为水利，就成为溪两岸人民最迫切的愿望。

1064年，长乐人钱四娘尽倾家资来莆田，首次在本兰溪中游发起筑陂的状举。她在今华亭镇樟林村将军岩前垒石筑陂，并开凿渠道，准备引水灌田。但由于陂址选择不当，陂刚筑成，就被凶猛的山洪冲毁。钱四娘悲痛万分，投水自尽，后来，长乐人林从世又捐出巨额家资，在今木兰陂下游的温泉口筑陂。由于港窄潮急，陂即将落成时，竟被海潮冲毁。

王安石变法，提倡兴修水利，招募修陂人士。1075年，侯官人李宏应诏来莆田进行第三次筑陂。他在具有水利工程知识的僧人冯智日的协助下，吸取了前两次筑陂失败的经验教训，把陂址选在溪宽流缓、地质较好的木兰山下，并且精心设计，缜密施工。在广大人民群众的大力支持下，经过8年的奋斗，终于在1083年筑成坚固的木兰陂。接着，李宏又在陂南开凿渠道30余里，灌溉南洋田地。

元代，又有人开凿新渠道，使木兰溪水北流，灌溉北洋田地。经过历代修建完善，木兰陂——这座拥有陂首枢纽工程、渠系工程和堤防工程三部分完整的大型水利工程逐步建成，使原来木兰溪下游的大量滩涂盐碱地开始变为良田。

而木兰陂也成为我国现存最完整的古代大型水利工程之一。900多年来，它经受了无数次台风、洪水、大潮和地震的袭击，迄今仍在发挥拦洪、挡潮、蓄水和引水灌溉的作用，有力地促进了莆田农业生产的发展。

开启农业新篇章

南宋时期，莆田经济已经呈现下降趋势，境内“三山六海一分田”。随着人口的迅速增加，人多地少日益突出，“十室五六，无田可耕”的局面开始出现。

明代初期，朝廷在实行海禁的同时，在全国各府县编定《黄册》(户籍)和《鱼鳞图册》(地籍)，全面清丈耕地和山地，厘定赋税，境内农业生产得到一定的恢复。耕地面积到明代中期增加10多万亩，境内开始出现专门从事某一行业和手工业的户口。然明代中期的倭寇之乱，又使莆仙两县的平原和沿海民众遭受杀戮，宁海港荒废，市镇衰落，兴化经济衰败。而清初的“截界迁民”，更使莆仙两县44万亩的良田抛荒20多年，莆田县的地籍损失了近一半。界外居民被迫内迁，流离失所，莆田农业经济再一次遭到空前的洗劫。

民国时期，国民政府虽然有“平均地权、土地固有”的规定，但未能实行。

1946年全国内战爆发后，各级官吏趁机勒索贪污，滥捕壮丁，加派捐税，民众苦不堪言，生产力低下，经济发展缓慢。

1949年8月21日，对于莆田，对于莆田历史，对于莆田百万人民来说是一个刻骨铭心的日子，是一个心花怒放的季节。莆田解放了。百废待兴的莆田，如同听从祖国母亲亲切呼唤的孩子，开始以百倍的热情，百倍的努力，走上了建设新家园的康庄大道。

农业是根，农业是本。莆田人深刻地认识到关系自己命运的课题，把兴修水利作为农业发展的头等大事。与天斗，与地斗，或许是从祖先开发莆田的历史档案中得到了启示，莆田人启动了向海洋要耕地的思维。

莆田人率先开始了南北洋海堤的全面整修加固。几经莆田人民的坚持与努力，南北洋海堤就像一条盘旋的飞龙雄踞在兴化湾之滨，是保护木兰灌区17.74万亩耕地和45万人口的重要屏障，沿岸有排洪水闸16座，排水涵洞85座，形成全方位的防洪海堤。

湄洲湾海域的胜利围垦和西埔围垦，南日岛边的南日围垦，兴化湾海域的后海围垦，筑起了莆田人继续劳动与生活的田园，12万亩的围垦工程，是30年的贫穷岁月里莆田人引以自豪的杰作，也是30年沧海桑田的伟大见证。

自此，四季如春的土地开启了丰收的讯息，茂盛着30万亩农田一年三熟的稻黄麦熟。

打造农业“全国牌”

如今，莆田开始打造特色农业品牌，实施名牌带动战略，加快农业产业化发展。

仅粮油加工行业就有东南香米业、天下农庄米业、福建我能食品和仙游面粉等9家年销售收入超亿元企业，其中4家被评为国家级放心粮油企业，数个系列产品获得国家级名牌称号，多家企业还走出“家门”，按“公司+基地+农户”的模式和订单种植方式，在省内外建立了粮源基地80多万亩，创办了大米、面粉、植物油、饲料等加工厂。

目前，莆田市计划以一年打一个或几个品牌的思路，采取领导挂钩、捆绑服务的办法，逐个打响。同时，继续扶持台湾农民创业园、东南香、花蛤育苗等国家级示范点、中国名牌、中国驰名商标、国家地理标识、全国产量第一的特色农业，打好“全国牌”。将单一产品品牌扩大到系列产品品牌，采用连锁超市、物流配送、电子商务等现代营销手段，提高市场占有率。

而国务院支持海西发展的政策出台，更是给莆田特色农业发展带来新的机遇。莆田市仙游县国家级“台湾农民创业园”迎来了春天。目前，全市共有台资农企30家，就有山益生态农业、摩天岭农业等13家入驻创业园，除种植甜柿外，还种植了日本樱花2000亩，台湾甜桃、杨桃、水梨及加州甜李、美国甜玉米等10多种水果1000多亩，形成了一个集生产、科研、推广、旅游观光为一体的新型生态农业观光园。

随着海西经济区的大发展，莆田的农业必将越走越宽。

Part 6

湖南澧县

茶叶
澧县太青山有机食品有限
太青
王家厂
中储粮澧县直属库
金罗镇
菜籽
湖南盈成油脂工业有限公司
湖南洞庭春米业有限公司
澧县
城头山 遗址
澧阳
大米
彭头山 遗址
澧县葡萄园
张公庙
澧南
湖南华湘棉花产业有限公司
葡萄
棉花

澧县：

稻源起“农”歌

•闫 巍•

“说澧县、道澧县”，澧县最出名的还当属农业。近年来，该县立足自身特色和优势，围绕农产品深加工，大力实施品牌战略，培育了盈成油脂、洞庭春米业、华湘棉业公司等一批农业产业化龙头企业，打造出“盈成”油脂、“金洞庭春”大米、“澧阳”牌棉花等一批知名品牌，走出了一条以“稻、油、葡、棉”特色品牌带动产业发展的道路。

澧县，古为澧州，位于湖南省西北部，澧水的中下游，洞庭湖的西岸，是湖南西北通往湖北、四川、贵州的重镇，素有“九澧门户”之称。澧县是因澧水贯穿全境而得名，始见于《尚书·禹贡》：“岷山导江，东别为沱，又东至于澧。”澧县因水得名，因水而兴。从远古洪荒20万年前的旧石器时代，一直到今天现代化信息社会，在每一个链接点上，澧县都有着十分清晰、耀人眼目的光环。400多处史前文化遗址、1400多年的古城史、一条纵连大江南北的“涔阳古道”，都记载了澧县历史文化的发展脉络。

不过“说澧县、道澧县”，澧县最出名的还当属农业。澧县总人口90万，农业人口74.3万，现有耕地面积100万亩。农业是澧县的传统产业和支柱产业，全县粮食常年播种面积100万亩以上，总产稳定在46万吨以上。澧县的粮食产量和质量一直处于湖南省先进行列。

近年来，该县立足自身特色和优势，围绕农产品深加工，大力实施品牌战略，培育了盈成油脂、洞庭春米业、华湘棉业公司等一批农业产业化龙头企业，打造出“盈成”油脂、“金洞庭春”大米、“澧阳”牌棉花等一批知名品牌，走出了一条以“稻、油、葡、棉”特色品牌带动产业发展的道路。

一粒稻种传承千载

水稻起源于哪里？这是人类探索了150多年的谜。而经过湖南省考古工作者20多年的努力，在澧阳平原及周边地区已基本破解了这个谜团，改写了世界稻作农业考古的历史。

1973年，河姆渡出土距今7000年的炭化稻谷，把当时认为水稻起源于印度的稻作历史向前推进了3000年。1988年，湖南省考古工作者在澧县城头山遗址发现大量掺杂在陶片里的稻壳，距今约9000年，将世界稻作历史推前了2000多年。

1996年，在中国最早的古城——澧县城头山遗址，考古工作者又发现了距今约6500多年世界最早的古城址、古祭坛和古稻田。

经过科学论证，美国哈佛大学人类学系终身教授奥佛等国际权威考古专家认为，以澧阳平原为代表的长江中游地区，是世界水稻的起源与传播中心之一，水稻起源之谜，已基本破解。自此，澧县又被冠以"城池之母"、"稻作之源"的美誉。

"水稻发源自湖南澧县，这是很多澧县人之前没有想到过的。"澧县农发行的一位同志介绍。

而与远古时期水稻形成鲜明对比的是袁隆平院士培育出来的现代超级杂交水稻。传承千年的稻种，现如今在湖南这片富饶的土地上，结出日渐丰硕的果实，改变着中国，改变着世界。

在肥沃的澧阳平原上，澧县政府非常重视杂交水稻的推广工作。在20世纪80年代至90年代初，澧县政府采取与群众"同吃、同住、同劳动"等一系列措施，大力推广三系杂交水稻和两段育秧等栽培技术，使全县的杂交水稻和新的栽培技术得到全面普及和应用，彻底扭转了澧县的粮食生产现状，逐步解决了全县人民的温饱问题。

1995年开始，澧县又开始大力推广水稻旱育抛秧栽培技术和两系杂交水稻新品种。通过多年的推广，全县的水稻单产水平得到了极大的提高。

同年，澧县又引进了一大批国标2级以上的高档优质稻新品种，经过示范和推广，已有许多品种被农民自觉接受。现在已经大面积推广应用的高档优质中晚稻品种有"湘晚籼13号"、"湘晚籼3号"，高档优质早稻品种有"中嘉早100"等。

目前澧县常年水稻种植面积90万亩左右，总产42万吨左右，高档优质稻种植面积在20万亩左右。

"澧县丰富的稻米资源培育一大批稻米加工龙头企业，而这些快速崛起的龙头企业进一步带动了澧县的农业发展。"澧县副县长严文波说。

近两年来，澧县按照发展"优质湘米经济"的思路，通过大工业化理念谋划农业产业发展，依托科技提升传统"水稻经济"的"软实力"，按市场需求发展优质"湘米"。该县开始将澧阳平原上的资源优势转化为产业优势。

为了提高米质，澧县开始从选种、种植抓起。通过农发行的资金支持，洞庭春米业、福星米业等稻米加工龙头企业纷纷建立自己的优质稻基地，通过引进推广优良品种，选择优良生态环境，建立优质稻基地，进行无公害稻谷培植，按绿色食品规程生产系列大米。

2009年澧县政府还专门安排县农业局和洞庭春等稻米加工龙头企业代表先后到湖北省和本省邻近县市进行了优质稻开发的专题考查。根据优质稻产业开发考查情况，县委、县政府及时制定了相关文件，各乡镇迅速组织和落实优质稻生产。今年，全县优质稻面积将达到70万亩以上，其中国标2级以上的高档优质稻面积达20万亩以上,订单生产面积达到了14万亩以上,均创历史新高。

通过不断地发展,洞庭春米业有限公司、福星米业有限公司日益扩大,“福星”、“金洞庭春”等一个个知名品牌不断推出,它们的发展也意味着澧县开始从传统的农业大县向现代经济强县转变。

一滴菜油香飘八方

澧县是国家油菜生产大县,也是全国油菜生产百强县,无论是油菜种植面积,还是平均单产和总产水平,均居全省(乃至全国)领先行列。2009年澧县夏收油菜面积达到75.3万亩,平均单产达到153公斤,油菜籽总产达到11.5万吨,油菜籽商品量达到9万吨左右。

好种育好苗,早在1991年,澧县就开始引进以“224-2”为代表的双低油菜品种,并对优质油菜品种进行推广,经过多年的发展,目前澧县双低油菜品种覆盖率已达到100%,其中双低杂交油菜品种覆盖率达到98%以上。

但是,真正让澧县油菜享誉全国的还是油菜籽加工产业,这里建有中部五省规模最大的油脂加工龙头企业之一——湖南盈成油脂公司。该公司年加工油料30万吨,总资产近6亿元,它以“绿色、双低原料、物理压榨”的特点把“盈成”打造成了全国第一绿色菜籽高端品牌。

正因为有这样的品牌和实力,盈成油脂也被多家风险投资公司所看好。

2010年初,湖南高新创业投资有限公司宣布,将联合深圳等地的三家创投机构及多家银行对盈成油脂注资近两亿元助其发展。

湖南高新创业投资有限公司总经理黄明表示,投资盈成油脂主要是看中该项目在资源、区位、技术等方面的核心优势以及良好的成长性。另外,盈成油脂的市场定位是非转基因双低绿色食用植物油,更符合绿色、健康的消费理念,“相信以后消费者会对食用油的质量有新的要求”,黄明强调。

业内人士也指出,从满足供给方面来说,随着未来需求的增长,转基因会进入人们的生活,但非转基因作为绿色食品方向,发展前景是很大的,肯定是一个高端、高价值的食品。

然而从农业产业链来说,绿色食用油的原料生产是一个至关重要的环节,绿色原料要有绿色基地作保障。

2009年,澧县县政府与盈成油脂共同开展绿色食品原料(油菜)基地的创建工作,成功地完成了25万亩油菜绿色食品原料基地的创建任务,探索出了一条“政府引导、企业运作、部门配合、农户参与、基地联动”的基地创建模式。

县政府从加强宣传,政策扶持等方面入手,引导盈成公司与农户签订绿色食品原料(油菜籽)种植订单,落实油菜生产计划,确保基地面积的落实。

企业则上接市场、下连农户,具有原料收购和产品销售的市场价格决策权。根据绿色食品原料基地创建订单生产合同规定，基地内生产的油菜籽，均以高于市场同类产品3%的价格敞开收购，保障了油菜的种植效益，提高了农民的种植积极性。

另外，澧县绿色食品原料基地的建设过程中，不断推行油菜品种“一村一品”或“一乡一品”，实行集中连片种植、标准化生产和统一管理。

目前，湖南澧县9个油菜绿色食品基地创建乡还与湖南盈成油脂有限公司签下了25万亩、3.75万吨的油菜购销大单。

在保证油菜质量的前提下，湖南盈成油脂有限公司以高于市场3%的价格敞开收购，确保农民利益不受损失，实现了真正的“农企双赢”。

凭借自己的努力和各界的支持，盈成油脂也制定出了自己的目标，到2015年，公司的资产总值要达到18亿元，年油料加工能力80万吨，年产各种精制食用油30万吨，油罐容量达10万吨，年工业产值达到52亿元，年利税3亿元以上。

一颗葡萄传诵佳话

20世纪90年代末，在湖南农业大学的支持下，澧县率先引种优质欧亚种葡萄并获得成功，打破了欧亚种葡萄不能在南方栽培的理念，形成了澧县一大新兴的高效特色农业产业，澧县因此被誉为“南方的吐鲁番”。

经过多年培育，澧县已拥有涔源、农康、黄河三家葡萄专业合作社，澧县葡萄种植面积发展到1.7万亩，其中1万亩欧亚种葡萄亩均年纯收入过万元，造就了几百个年收入近百万元的葡萄专业户，葡萄成为了农民致富的金果。

如今的澧县，已经形成了覆盖13个乡镇、年产量3000万公斤、年产值超过2亿元的葡萄产业带。

但又是谁引来第一颗葡萄的种粒，演绎出一个甜美的传奇呢？与葡萄没有结缘之前，王先荣只是澧县小渡口镇曾家村的一个普通农民。

20世纪90年代末期，王先荣因为葡萄结识了湖南农业大学的果树专家石雪晖教授，在石教授的指导和鼓励下，他大胆进行新品种试验示范和无公害配套栽培技术探索。2003年，由湖南农业大学、澧县农康公司共同研究的“葡萄引种及无公害栽培技术”成功地打破了欧亚种葡萄不能在南方种植的论断。

澧县依托湖南农业大学为技术后盾，聘请石雪晖教授为首席专家，成立科技组，从植保、土肥、栽培、环境监测等方面进行技术支持，制定了澧县葡萄绿色食品标准化生产地方标准；进行基地登记管理、实行农户生产联保，防止产品污染；组成专业技术服务团，对葡萄种植经营户和技术骨干进行技术培训；成立澧县葡萄协会、常德农康葡萄专业合作社，采取统一供种、统一标准、统一销售的产业化发展模式；通过举办品评会、葡萄节等全力打造澧县葡萄品牌，为葡萄产业营造了更广阔的发展平台。

尝到葡萄甜头的澧县人没有满足取得的成绩，他们建起了有2000多个品种的葡萄种质资源圃；建起了葡萄产期调控技术研究基地，让葡萄“一年两熟”；建起了年产

3000吨的葡萄酒厂，让丰收的果实转化为更具价值的佳酿；建起了占地318亩的葡萄观光休闲娱乐园，一个集产、学、研和加工、旅游于一体的现代农业产业已经初步形成。

一担棉花富企惠农

澧县不仅盛产稻米、油菜、茶叶、葡萄，同时它也是湖南省优质棉花主产区。澧县棉花种植面积和产量在全省稳居前列，有着举足轻重的地位。而在棉花生产不断发展的基础上，如何搞活棉花流通，帮助棉农增收，是摆在澧县面前的一个艰巨任务。

2008年，省政府出台的《湖南省人民政府关于进一步加快棉花产业发展的意见》明确要求，要按照国家棉花优势产业带建设规划和棉花良种补贴政策，在环洞庭湖区和衡阳盆地两大优势区域扩大棉花生产基地，重点抓好澧县等14个基地县建设。意见的出台为澧县棉花产业发展提供了政策依据和发展机遇。

2000年以前，澧县棉花一直由供销社和棉麻公司经营，全县棉花收购网点达到91个，收购皮棉383228担。之后，棉花市场逐步放开，澧县棉花市场流通多元化的格局开始形成。

但是为了争夺有限的棉花资源，各个企业开始不分等级地收购，不求质量地加工，混等混级等行业问题始终没有得到有效解决。

为了进一步深化棉花企业的改革，澧县建立了棉花专业合作社，2008年，由县供销社牵头，华湘棉花产业公司在全县选择了6个村与1040个农户成立了澧县富民棉花专业合作社，这种联合提高了农民的积极性。

同时澧县还大力发展棉花加工龙头企业。经过数年的发展，澧县已有湖南华湘棉业、申华纺织、湘鄂棉业、益林棉业等知名棉花加工企业。

龙头企业的职责是服务三农、让利三农，带动农民致富、带动产业发展。因此，从2006年起，华湘棉业公司就已经走上了“公司+基地+农户”的产业化经营路子，实行订单农业。仅当年，公司订单种植面积达38万亩，使县内及周边地区农户增加收入1200万元以上。

专业合作社与龙头企业相互辉映，为澧县进一步发展棉花的产业化经营打下坚实基础。

从“稻作之源”神奇水稻到双低油菜基地，从万亩葡萄园到棉花纺织产业发展，澧县人用勤劳的双手在这片神奇的土地上勾画出壮丽画卷，但他们并未停步。

稻作之源的米业“新传”

·闫 巍·

漕县水稻栽培历史悠久，城头山古文化遗址的水稻田遗址，是当今世界上历史最早、保存最好的水稻田遗址，使中国的文明史推前了1000多年。

如今，澧县按照发展“优质湘米经济”的思路，依托科技提升传统“水稻经济”的“软实力”，按市场需求发展优质“湘米”，开始将澧阳平原上的资源优势转化为产业优势。

湖南省澧县水稻栽培历史悠久，经过考古发现，早在6500年前，澧县的先民们就在长期实践中，在长江中游的澧阳平原上，亮起了世界最早稻作农耕文明的明灯。

澧阳平原与湖北江汉平原相邻，土地肥沃、资源丰富，素有“洞庭鱼米乡”、“稻籼丰稔甲湖广，麻桑夙著震九州”的美誉，享有“粮仓、油库”的美称，为全国的粮、棉、油的种植生产基地。

而城头山古文化遗址更是澧县人民的骄傲，它位于常德澧县车溪乡南岳村境内，始建于距今6500多年前的新石器时代前期，在古城中距今6500多年的水稻田遗址，是当今世界上发现的历史最早、保存最好的水稻田遗址，使中国的文明史推前了1000多年。

城头山古文化遗址两次被评为全国十大考古新发现之一，并被国务院定为全国重点文物保护单位。江泽民同志1995年视察澧县时亲笔题写了“城头山古文化遗址”。蒋纬国先生也在台湾题词：“中华文明亿万载，澧州古城七千年。”

稻作之源历史悠长

在上海世博会中国馆“历史的长河”展厅中，中国最古老的城市之一——湖南澧县城头山遗址的面貌展现在世界人们的面前。

被誉为“稻作之源，城池之母”的城头山遗址被发现出来是非常偶然的，1979年7月，现任澧县文物处主任的曹传松考察过楚墓群，挥着汗水下山时，发现路东广袤的澧阳平原上，居然有一座突兀隆起的土岗。出于职业的眼光，他敏锐地感到，在平原中稍高一点的台地、岗地大多都有古文化遗址或者古墓。

三四天后，他再次前往挖掘考察，发现一个圆形土岗，便怀疑它是古城墙。他访问了一位70多岁的当地老人，老人告诉他，传说这里原来是古城，叫城头山，因为“风水”不好，城没有建成。

民间传说印证了他的判断，他给省考古部门打了报告。于是有关专家多次来考察。初步确认它是距今约4800年至5000年新石器时代末期的屈家岭文化城堡遗址，即属原始社会文化遗址。这年，城头山文化遗址，被评为全国十大文物发现之一。

1996年岁末，曹传松带领几位青年工人，又在这里做进一步的挖掘。3天里发现了距今约6000年大溪时期的早期文化城墙，并在东城墙下面，发现一块距今约6500年的古稻田，上面有稻粒、稻叶、稻草梗和田螺。他带着城墙土、稻田土和稻粒、稻叶等标本，亲自送往长沙。

经过科学检测和专家鉴定，测出该稻田的硅酸体和现在的稻田的硅酸体数值大体相同，证明它和汤家岗文化同时代。这是目前发现的世界上最早的大丘块水稻田——30多米长、6米多宽。这一发现，打破了中国人工栽培水稻是从外国传入的说法。

1997年底，城头山古文化遗址，再次被评为全国十大考古新发现之一。

跨越时空的界限，在上海的中国馆展厅内，超级杂交水稻展示区前也吸引了诸多观众，一片长势旺盛的超级杂交水稻田映入人们的眼帘，在一个不到2平方米的透明展箱内，根根稻秆结实有力，颗颗稻谷健硕饱满。展箱利用镜像的反射效果，形成了一望无际的稻海景观，刚好与之前的澧县城头山水稻田遗址遥相呼应。

“湖广熟，天下足”，从城头山古水稻田遗址到现代超级杂交水稻，水稻的种植传承6500余年。从古至今，正是这小小的水稻种子，在湖南这片富饶的土地上，结出了日渐丰硕的果实，改变了世界。

传承千年呼唤品牌

“湖南农业在全国举足轻重，可农产品的品牌建设相对落后，这也是不争的事实。”澧县洞庭春米业有限公司董事长胡国庆表示。

湖南自古以来就是鱼米之乡。从明代起，包括澧县在内的整个湘北地区已是全国重要的粮食产地。清雍正年间，湘江上运米之船“千艘云集”，直销汉口，再抵江浙，盛极一时。

湖南水稻产量30年来稳坐华夏第一把交椅。粮食加工企业年销售收入371亿元。“金健”商标被国家工商总局认定为“中国驰名商标”，“金洞庭春”、“盛湘”等16个大米产品被评为“湖南名牌”，优质大米出口远销港澳、非洲、菲律宾、古巴以及东南亚一些国家和地区，出口量达到40万吨，年出口创汇达5000万美元。

湖南大米品种很多，但尚缺乏在全国叫得响的品牌。全省粮食加工企业442家，国家级龙头企业仅5家。

曾几何时，上海、广州的各大米店纷纷挂出“不卖湘米”的牌子，大量的东北大米、湖北大米、江西大米以及泰国大米占领了湖南省超市的各个卖场。

“高产量，但并没有带来更高的效益。”胡国庆说，“有一部分人只看到了眼前的利益，一心琢磨怎么在这次生意中获取最大利益，很少去考虑‘下一次’，这是做‘一锤子买卖’造成的。”追逐短期利益造成了严把质量关上的疏忽，恶性循环导致了湘米质量的整体滑落。“湘米不香”的说法也流传开去。

胡国庆认为，品牌是由人来经营的，有资源无品牌是湖南大米滞销的症结所在。经历过市场变化带来的痛楚后，澧县少有的几家米业公司开始追逐自己的品牌之路。

“企业现在要重新定位、细分外销市场。”胡国庆说，伴随着国家在粮食流通领域的改革，湖南粮食领域还开始重新定位外销市场。

另外针对“湘米”过去整精米率低、加工原粮混杂等软肋，胡国庆说：“企业精心筛选品种完善基地建设、推行专业化加工，短时间内就完成了与市场的对接。”

提升“软实力”

“好米要好谷。这两年，在政府的帮助下，我们的水稻品种改善了很多。”胡国庆介绍，在湖南米业的起伏当中，湖南米业人摸索出了一个实实在在的道理：“好种出好稻，好稻出好米，好米创品牌。”

近两年来，澧县按照发展“优质湘米经济”的思路，通过大工业化理念谋划农业产业发展，依托科技提升传统“水稻经济”的“软实力”，按市场需求发展优质“湘米”，开始将澧阳平原上的资源优势转化为产业优势。

为了提高米质，澧县开始从选种、种植抓起。通过农发行澧县支行的资金支持，洞庭春、福星等企业纷纷建立起了自己的优质稻基地，通过引进推广优良品种，选择优良生态环境，建立优质稻基地，进行无公害稻谷培植，按绿色食品规程生产系列大米，并通过种种举措的实施，把基地建设成为企业与农民共需共赢的事业，公司与农户、企业与基地成为了面向市场、互利互惠、共生共存的利益共同体。

同时，澧县政府还帮助洞庭春米业与多家科研单位合作，针对优质大米产品结构需求和当地环境，开发出多种优质水稻。

“当人们不再把‘食以果腹，求得温饱’作为生活的目标时，品牌就成了企业的生存之本。”胡国庆说：“在市场经济条件下，品牌就是资源，品牌就是市场，品牌就是财富，企业的经营不仅是产品的经营，更是品牌的经营。”作为产粮大县，通过几年的发展，澧县优质稻米的开发与生产已渐成气候，出现了一批粮食经营的品牌企业，但就产业发展的整体现状而言，缺乏产业链内部纵向和横向的有效连接。

改进粮食产品的质量，通过加工实现农产品升值和品质提高，实现从经营产品到经营品牌的转变，用品牌带动农业的市场化经营，用品牌联结生产者、经营者和消费者，用品牌改变农业的传统形象和树立现代农业的新形象。

湘北米业人一直在苦苦地摸索前进。

在摸索的过程中，2007年11月，洞庭春米业有限公司的拳头产品“金洞庭春”系列被评为“湖南著名商标”。

同时，他们生产的香米、软米、粘米3大系列10多个品种被中国粮食行业协会授予“放心米”荣誉称号，被中国粮油协会授予“放心粮油”荣誉称号。

而澧县的另一家稻米加工龙头企业福星米业也不断地在建设着自己的品牌，2005年，福星米业的“福星牌”优质米获得了“湖南第七届农博会金奖”。

“金洞庭春”、“福星”等一个个企业和品牌在不断崛起，它们的出现也使得澧县迈入从传统农业大县向经济强县转变的道路。

盈成油脂：从小作坊到“风投”宠儿

•闫 巍•

盈成油脂之所以受到投资机构的关注，和其主打的“非转基因”双低绿色食用油有关。今后非转基因食品将是国内油脂企业的一个方向，也是一个契机。

洞庭湖西，澧水下游，坐落着湖南省最大的食用植物油加工企业——湖南盈成油脂工业有限公司（以下简称“盈成油脂”），它占地320亩，年加工各类油料30万吨，总资产6亿元。

但谁又曾想到，盈成油脂的历史并不悠久，成立于2004年的它仅用了6年时间，就发展成为中南地区最大的菜籽和棉籽共线加工企业。

盈成油脂的发展史，就是一部充满心血的奋斗开拓史。6年的艰苦创业，6年的快速发展，6年的不懈追求，盈成油脂由贸易经营走向了实体加工，由作坊式生产走向规模化加工。

绕开大豆走“油、棉”路线

2004年初，一直从事粮油贸易的盈成油脂老板彭华得知湖南澧县粮食局下属企业湘北油厂寻求改制，觉得这是一个很好的机会，通过收购湘北油厂可以使自己公司延伸产业链条，提升企业实力。

经过一系列的市场调查和咨询后，彭华决定并购湘北油厂，把油脂加工作为自己的主要业务，同时选择“双低油菜籽制油工艺与大型冷榨设备开发”作为企业的第一个攻关项目。

“在科技部编制的《“十一五”国家科技支撑计划重大项目》中，该项目是国家鼓励发展的行业，这个项目的上马，会为国内农副产品增加附加值开辟一条新途径，也会使我国油菜籽的综合利用跃上一个新台阶。”彭华说。

由于该项目技术新、起点高、综合利用性强、合理利用了自然资源，因此发展前景很大。但如何寻求充足的原料就成了盈成油脂面临的难题。

“把生产基地建立在湖南澧县，是通过多方考察和论证过的。”彭华讲。

中国是世界上第一大油菜籽生产国，其主要分布在长江流域，尤以湖南、湖北、安徽、四川省居多。据不完全统计，2008年仅以澧县为中心的方圆100公里范围内，年产油菜籽就约达100万吨。

彭华和他的团队经过分析后认为，在这一带建立生产基地，完全符合公司生产原料的发展战略。与此同时，彭华也产生了疑问，为什么澧县有着丰富的油菜籽资源，却没有大型的油菜加工企业呢？通过实地考察，彭华发现了问题所在：一是当地的油脂加工厂规模小，设备简陋，技术落后，属简单的粗放型加工作坊，没有形成规模经济；二是生产的产品单一，产品质量差，无市场竞争力；三是没有打好“双低”油菜籽这一优质油料作物资源牌。

所谓的“双低”油菜籽是指制取的食用油中芥酸含量在5%以下，制取的饼粕中硫代葡萄糖甙的含量极低。因为硫代葡萄糖甙为有毒物质，如果其含量较高，就要进行脱毒处理才能用于饲料原料，因此，人们希望饼粕中的硫代葡萄糖甙的含量越低越好。

澧阳平原和江汉平原的油菜籽目前都基本实现了“双低”化，而且是非转基因的。这一带播种的“双低”油菜品种“湘油杂1号”，不仅达到“双低”标准，而且平均亩产高、含油量高，比普通品种高21%。

同时，调查中他们还发现，澧阳平原和江汉平原都盛产棉花，其棉籽产量巨大。一般而言，油脂企业每年5月至11月加工菜籽，12月至次年4月加工棉籽。这样，棉籽也可以作为一种油料原料，来满足生产需求。

因此，盈成油脂最终决定将现代化的生产基地建立在澧县，同时建立了原料基地。

澧县生产基地投产后，盈成油脂不仅迅速发展了自己，还带动了周边相关产业如食品工业、饲料工业和养殖业的发展，对周边农民收入的提高也起到了推动作用。

主打“非转基因绿色”牌

正因为具有这样的发展速度，盈成油脂也被多家风险投资公司看好。

2009年9月，湖南省高新创业投资公司等4家单位与盈成油脂正式签订了《增资扩股协议》。

2010年初，湖南高新创业投资有限公司又宣布，将联合深圳等地的3家创投机构及多家银行对盈成油脂注资近两亿元助其发展。

盈成油脂之所以受到投资机构的关注，和其主打的“非转基因”双低绿色食用油有关。他们生产的“双低”菜籽脱皮冷榨油和“双低”菜籽脱皮菜粕是真正的天然绿色食品，其价格在德国是普通油脂的5倍。

据了解，目前，在国内食用油消费市场，大豆油、棕榈油和菜籽油是消费量最大的品种。

业内人士指出，从满足供给方面来说，随着未来需求的增长，转基因会进入人们的生活，但非转基因作为绿色食品方向，发展前景是很大的，肯定是一个高端的、高价值的食品。

从农业产业链来说，原料是一个至关重要的环节。据透露，目前盈成油脂已启动重组、整合战略，将农业种植、工业加工和商业销售一体化，此外还将寻求对上游资源的培育，将生产规模由之前的年产10万吨增加到30万吨。

另据湖南高新投总经理黄明透露，盈成油脂计划在2010年年底进行第二轮融资，并计划于2012年赴主板上市，不过他也表示，“为让盈成油脂尽快形成品牌，增强融资能力，除主板上市计划外，也可能选择2011年在创业板上市。”

振兴民族油脂

凭借自己的努力和各界的支持，盈成油脂制定出了自己的目标，到2015年，公司的资产总值要达到18亿元，年油料加工能力80万吨，年产各种精制食用油30万吨，油罐容量达10万吨，年工业产值达到52亿元，年利税3亿元以上。

盈成油脂在飞速发展的同时，没有忘记承担社会责任。为解决油脂厂的污水问题，让周边地区农民吃上卫生干净的水，公司斥资160万元安装了污水处理设备。

为了开展一些有益的活动，公司还主动与地方党组织联系，建立了党支部，积极为政府和社会排忧解难。

他们不仅安排了19名复员军人就业，还利用建军节等节日慰问家属；雷公塔镇修建养老院，他们也是慷慨解囊，使鳏寡孤独老有所养、老有所乐；汶川发生大地震后，公司为灾区人民捐款捐物5万余元，并计划在当地修建一所希望小学。

现在，公司正着手二期工程建设。建成后将新增就业岗位近300个，对解决周边地区劳动力就业、对农民增收有着重要意义。

原中共湖南省委书记张春贤到盈成油脂考察时说，随着经济社会的发展，“三农”工作越来越凸显出重要性。企业要按照科学发展观的要求，深化改革和管理，在建设国家级粮棉油生产基地上求突破，大力发展现代农业和农产品深加工的转化。

于是，盈成油脂在周边的油菜种植基地着重宣传健康食用油观念，以澧县为中心、对周围100公里半径内的农田进行油菜品种改良，建立完善“基地+农户+公司”的模式，形成产业链，辐射到湖南岳阳、常德以及湖北公安等油菜主产区。

另外，澧县的9个油菜绿色食品基地创建乡还与盈成油脂签下了25万亩、3.75万吨的油菜购销大单。按照合同要求，基地创建乡镇要建立好组织管理体系、生产管理体系，健全各项管理制度，抓好面积落实、技术培训，确保油菜籽的数量与质量，组织与督促农户搞好油菜生产和销售。在保证油菜质量的前提下，盈成油脂以高于市场3%的价格敞开收购，确保农民利益不受损失，实现真正的“农企双赢”。

胡国庆：
洞庭湖畔唱响“洞庭春”

·闫　巍·

身材略显单薄的胡国庆身穿浅色长裤，蓝色T恤，一双大手上布满老茧，从外表上看，根本看不出这是一位身价过亿的企业老板。然而就是他，把企业从一个手工作坊发展成为年产值1.2亿元左右的国家级农业产业化龙头企业。

在中国水稻发祥地的城头山遗址旁，新荷片片，稻秧青青，机车奔驰在平畴大道上，楼宇隐现在桃林茂竹间。

洞庭春米业就置身在这“稻油丰稔甲湖广，棉桑素著震九州”的新农村之中。

在洞庭春米业的办公室中，首先映入眼中的是一幅巨大的中国地图，上面标满了洞庭春大米的销售区域。“我想洞庭春的大米将会走向全国。”洞庭春米业的董事长胡国庆表示。

身材略显单薄的胡国庆身穿浅色长裤，蓝色T恤，一双大手上布满老茧，从外表上看，根本看不出这是一位身价过亿的企业老板。然而就是他，创建了这个根植沃土、回馈乡村的湖南洞庭春米业有限公司，创建了这个集粮食收购、加工、销售为一体的一条龙米业旗舰。

创业难难于上青天

1992年，市场经济的大潮波及农村。时任澧县大坪乡二轻机械厂厂长的胡国庆，因工厂难以为继，下岗后便下海经商。

经过东拼西凑，四处筹资，一个夫妻打米厂很快开张。白天，胡国庆下乡吆喝着收购稻谷，晚上，在妻子的帮衬下打米粉糠，然后，再将大米一点点销出去。几年来，凭着勤劳、诚信，夫妻打米厂逐渐拥有了一批固定的客户，积累着原始资金。

“开始的时候只有我们夫妻两人，什么都要自己干，很苦、很难、也很累，不过看着米厂一点点壮大，心里很幸福。创业很不容易。”回忆起当时的苦难，胡国庆感慨道。

虽然粮食购销和加工业务经验渐丰，但厂子仍在小打小闹中徘徊。面临可持续发展困境，胡国庆打起了兄弟陈国平的主意，期望兄弟联手打造米业巨轮。

陈国平毕业于重庆工业大学，获机械学士学位，是一位优秀的机械工程师。当时的他在广州客车制造厂担纲质检工程师，可谓春风得意。2000年，面对兄长殷切的呼唤，陈国平义无反顾地舍弃几十万元的年薪，回家乡调查走访农业产业结构和全国大米市场，决定与其兄共同创业。

经过几个月的农村调查和市场走访，陈国平大胆决定走品牌路线，摆脱与各小型加工厂混乱竞争的局面，开始了从方案到现实、从理论到实践的跋涉历程。

2002年，位于大坪乡周家坡的二轻打米厂更名为洞庭春米业加工厂，公司初具雏形。陈国平的加入，使企业各方面都朝着健康、有效的方向发展。

2005年3月，公司注册更名为"湖南洞庭春米业有限公司"，由陈国平、胡国庆兄弟共同持股组建。

公司逐渐发展壮大并初具规模，目前，洞庭春米业有限公司（以下简称"洞庭春米业"）占地面积18000平方米，年加工能力6万吨，产值1.2亿元左右。

于是，常德市最大民营大米加工企业之一的洞庭春米业，从澧阳平原——中国稻谷发源地之一的澧县彭头山、城头山扬帆起航。

树品牌"湘米再飘香"

2002年，洞庭春米业开始走出凤凰涅槃的第一步。创业之初，年轻的兄弟俩审时度势：是甘愿充当技术含量较低的简单加工厂，还是成为深度加工的米业龙头老大？面对选择，兄弟俩如履薄冰，算胜率，亦算败率，彻夜难眠。

"不能固步自封，不能仅把眼光局限于大坪乡。"胡国庆说。

于是质量大战、品牌大战在洞庭春米业悄然打响。对于俩兄弟的决定，当地政府也给予了充分的支持和肯定。

时任常德市市长的陈君文专程来公司考察，反复强调要把米厂做大、做强、做优。

"订单农业"是胡国庆走品牌之路的重要一步。"企业要想做大做强，必须走'公司+基地+农户'的产业化模式，建立公司自己的生产基地。"胡国庆说。

于是，洞庭春米业率先在大坪乡推行订单农业。与农户签订种植收购合同，根据面积统一安排稻种，以优惠的价格收购稻谷，届时低于市场价则予补足，高于市场价则以合同价收购，确保农民利益不受损害。

"实行'订单农业'，对于企业来讲，水稻品种有保障，水稻质量有保障，水稻数量也有了保障。"胡国庆说。

很快，洞庭春米业的"订单农业"在其他乡镇也迅速推广。车溪乡、垱市镇、涔南乡、澧阳镇等乡镇的广大农户，先后与洞庭春米业签订订单农业合同。

公司一下子便拥有了5万亩优质水稻生产基地、15000个订单农户，触角伸到了湖北邻近地区。

2005年11月，常德市人民政府授予洞庭春米业"农业产业化龙头企业"称号。同年，金健米业集团公司对洞庭春米业生产的几个品种进行贴牌后荣誉推出。2007年11月，公司拳头产品“金洞庭春”系列被评为“湖南著名商标”。

“我们的理念是把‘金洞庭春’这个品牌打向全国，让‘湘米不香’成为历史。”胡国庆表示。

责任重回报社会

农产品深加工，是企业走上康庄大道的关键所在。2007年6月胡国庆投资300多万元添置一套200型轧花剥绒机，打造洞庭春棉业公司，年加工棉花20万担。

棉花收购加工及时解决了农民跑路远、卖棉难的顽症，并解决本地不少富余劳动力就业。就地收购20万担，每担籽花价格提高了50元以上，又直接让农民受益1000多万元。

随着公司的稳步发展，胡国庆便把更多的精力放在了回馈乡亲回馈社会上。

2004年9月，临澧县的蒋华考上湖南涉外经济学院，但其父亲因病死亡，母亲独自负担两位老人、两个孩子，家庭拮据，一时无钱上学。胡国庆兄弟俩知道后当即商量帮助这个孩子完成学业，每年出资5000元，直到毕业。

对乡亲如此，对自己的工人也如此。在洞庭春米业采访时，正值夏日炎热时，地面温度高达45°C，笔者在工厂车间内听不到机器的轰鸣声，也见不到人影。“天太热，让工人都回家歇着了。”面对疑问，胡国庆答道。

高温时节放假，发放高温补贴，车间里安排几桶纯净水，在他们兄弟俩看来都是再平常不过的事情，但对工人来说却是尊重，却是善举。

“这不算什么，企业越大，肩负的社会责任也就越大，应该为社会做点贡献。”胡国庆说。

Part 7

山东德州

乐陵
庆云
宁津
中国调味品产业城
中国粮油食品城
德州市
陵县
中国辣椒城
武城
平原
临邑
中国食品馅料城
夏津
禹城
中国面粉大县
齐河
全国粮食生产标兵县
黄
河

德州：
一座“城”带活一方经济

·胡增民·

德州历史悠久，灿若明珠，自古就有“九达天衢”、“神京门户”之称。其地处黄河故道、运河之滨，是一座河流文明造就的古城。德州因地处黄河下游，境内错落有致地分布着广阔的冲积平原，而成为我国古代农业文明的重要发祥地之一。近几年，德州以建设“中国粮油食品城”为契机，借“城”兴城，促进了由产粮大市向粮油食品加工强市的嬗变。

“上善若水，厚德载物。”山东德州历史悠久，灿若明珠，自古就有“九达天衢”、“神京门户”之称。其地处黄河故道、运河之滨，是一座河流文明造就的古城。远古时期，滔滔黄河水在这里纵横其界、负载千钧；隋大业四年开凿的京杭大运河贯穿南北，演绎着数不清的悲欢离合。

德州“控三齐之肩背，为河朔之咽喉”，是华东、华北重要的交通枢纽。京沪、德石、济邯3条铁路在这里交会，5条国道、14条省道在境内纵横交错。京福高速贯穿南北，济聊、青银高速公路以及即将建成的京沪高速铁路穿境而过。德州辖一区二市八县，总面积10356平方公里，人口564.19万。

德州人文荟萃，物产丰富。龙山文化遗风遗俗、大禹功德万世永驻、嫦娥故事源出斯土、董子献策国脉传输、真卿书圣彪炳古今、扒鸡美食誉满中华、金丝小枣驰名九州、精美黑陶奇葩独树、菊黄槐绿竞秀松竹。现集“中国太阳城”、“中国粮油食品城”、“中国优秀旅游城”、“中国功能糖城”、“中国中央空调城”、“中国围棋城”、“中国京剧城”等于一身。

德州是我国古代农业文明的重要发祥地之一。因其地处黄河下游，境内错落有致地分布着广阔的冲积平原，地势平坦、土层深厚、蕴水丰富，是农业发展的理想场所。早在大汶口文化时期，这里便进入锄耕农业阶段，后历经龙山文化和夏、商、西周三代的不断发展，以及长期的农业历史文化沉积，使人们积累了丰富的农作经验，至春秋战国时期，该区域已经成为一个农业大区。

目前全市耕地面积56.19万公顷，农田有效灌溉面积44.5万公顷，垦殖率达67%，是全国重要商品粮基地之一。农业结构走上了区域化、市场化、优质化的发展轨道。

从产粮大市到"工业大市"的蝶变

翻开德州的粮食历史,并非都是华美壮丽的章节,其间也有满目疮痍的苦涩印记。改革开放以来,德州粮食人以一往无前的豪迈,在改革中激流勇进,在发展中锐意创新,谱写着"粮食战线齐奋进,风雨同舟铸辉煌"的激昂乐章。

德州是产粮大市,粮食资源丰富,农业基础雄厚。优质麦播种面积达到85%以上,年产550万吨左右,产量始终位居山东省前列。加之德州市交通便利,区位优越,有着"南北借力"、"东西逢源"的优势,为粮油食品工业的发展奠定了良好的自然基础。

近年来,德州市委、市政府把粮油食品工业作为一大主导产业来抓,整合现有资源,加快加工原料品质提档升级,粮食生产保持了良好的发展势头:德州市粮食产量常年保持在590万吨左右,粮食总产居山东省第二位;2010年德州夏粮总产达到363.8万吨,平均单产510.5公斤,单产居我国首位。

2008年,德州市委、市政府决定申报"中国粮油食品城",同时成立了"中国粮油食品城"申报领导小组(筹委会),全力以赴推进申报、建设工作。他们积极构建6大体系,全力以赴推进,实现了由产粮大市到粮油食品工业大市的华丽转身。

政策环境体系是基础。市里研究制定了加快粮油食品工业发展意见措施,建立、健全了目标考评体系和激励机制,构筑了以政府食品产业发展信息库、行业协会信息库和食品产业相关的法规、政策文件库3大内容为支撑的信息平台。

在融资体系方面,建立了粮油食品企业信用记录备案制度,加大信用执法力度,积极支持符合条件的食品企业通过资产抵押或增资扩股、改制上市、兼并重组等方式拓展融资渠道,增强资金筹集能力和抗风险能力。探索组建融资租赁公司,开展融资租赁业务,为食品企业提供生产设备,实现设备更新和技术进步。

产业集聚体系是建设食品城的重头。充分利用该市食品品牌的影响力和龙头企业的带动力,围绕骨干企业建立食品工业园区,在下游发展相关的精细加工、食品机械包装、物流业;在上游发展以优质小麦、玉米、大豆等为代表的粮食生产基地,以生猪养殖等为主的饲养基地,为食品产业发展提供优质安全的原料保障。

随着国家对食品安全监管力度的逐步加大,强化安全监管体系尤为重要。他们严格执行国家有关食品安全的法规、条例、标准和管理办法,全力推进"放心粮油"工程,争创国家级食品安全示范市。全面建立食品安全信息与监测系统,逐步形成政府、社会、企业布局合理、分工明确的食品检测体系,提高德州食品安全检测技术和食品安全研究水平。

一个产业一个行业要想立于"民族之林",必须有强大的科学技术做支撑。他们建立完善的技术支撑体系,加大对食品研究开发机构的政策扶持力度,加强与各相关高校的全面合作关系,充分利用高校的技术优势、科研优势和人才优势,提升食品工业的科技含量和核心竞争力。德州市粮食局与国家粮科院、武汉食品工业学院、德州职业技术学院等多所科研院所实现了信息、科研、人才的对接,并以山东东奥集团技术中心为平台组建了粮油食品城技术推广中心,为粮食行业科技进步奠定了基础。

德州人跳出"封闭"的藩篱,打造全面开放的体系。利用一年一度的中国德州投资贸易洽谈会,把德州粮油食品推向全国及世界,提高食品产业的外向度。瞄准世界500强和国内食品企业500强,采取重点项目招商、网上招商、以商招商等方式,招引知名食品企业来德州投资、发展。

一系列行之有效的工作,一年多持之以恒的努力,"中国粮油食品城"最终花落德州,实现了该市由产粮大市向粮油食品工业大市的跨越。

2009年2月26日,在全国粮油食品展销会暨全国粮油经销商联谊会上,当市委副书记、市长吴翠云接过"中国粮油食品城"的牌匾时,全场一片欢腾。授牌的中国食品工业协会常务副会长韩家增介绍说:"德州粮油食品工业具有强大的实力和广阔的发展前景,获得'中国粮油食品城'称号,实至名归。"

多个"国字号"提升软实力

德州市粮食局党委副书记杨希信说,为加快推进中国粮油食品城建设,德州市政府专门制定了《关于加快中国粮油食品城建设的意见》,成立了以分管副市长为主任的德州市加快中国粮油食品城建设工作委员会,统筹食品城建设。

德州人尤其是德粮人紧抓"中国粮油食品城"建设等机遇,完善产业规划,倾力打造国内有影响力的粮油食品加工中心、信息中心和交易中心,有效助推了申报、建设"中国粮油食品城"工作的顺利开展,提升了"食品城"的"软实力"。

粮油信息、质检工作纳入"国字号"服务体系,"德州粮食价格"在全国粮油市场逐步叫响。展会经济,信息是基础。市粮食局极力争取国家粮食局的支持,举办了2008~2009年度中国小麦价格走势高层论坛,市粮食局信息统计中心被国家粮食局命名为"国家粮油信息中心德州市场监测工作站",为全省首家市级检测站,正是基于此,保证了德州市"全国粮油食品展销会"申办在激烈的竞争中胜出。

此外,山东德州粮食质量检验站被纳入国家粮食质量检测体系,成为国家粮食质量检测区域中心站,也为展销会合作洽谈及粮油食品业发展提供了公正的检验、化验服务平台。

京、津、济粮源供应基地建设,为粮油食品产业发展提供了坚实的支撑。市粮食局注重发挥该市粮源优势,积极推进全市粮食企业与北京、天津、济南等地粮食企业合作经营,目前德州市已成为三大城市粮食及其制品的重要供应基地,仅与天津就签订了年20万吨的粮食供需合同。全年为三市供应小麦40万吨,面粉60万吨,占外销量的60%。京、津、济已成为德州市粮油产业销售的主阵地,也成为促进全市粮油产业发展的动力引擎。

德州市粮食局局长张书鹏说,"中国粮油食品城"这张名片不仅代表着行业荣誉,还蕴涵着巨大的商机和发展机遇。

德州在2009年、2010年连续两年承办了全国粮油产销订货会暨全国粮油经销商联谊会,累计签约量达700多万吨,带动企业增收1000多万元,有效推动了德州粮油经济的快速发展,提升了德州粮油工业的影响力。

德州人还把“中国粮油食品城”搬到了泉城济南。2009年9月18日,德州发达面粉集团、巨嘴鸟工贸公司、永乐食品公司三大“中国名牌”制粉企业齐聚济南舜耕山庄,在山东省粮食局、山东省质监局、山东省工商局、德州市政府及省内外媒体的见证下共同宣誓——抵制面粉增白剂,“还面粉本色,还百姓健康”。

德州市粮食产业化协会秘书长王健民表示,这是德州市荣获“中国粮油食品城”称号之后,德州制粉企业追求产品品质、坚守社会责任的自发行为,也是在为擦亮“中国粮油食品城”这块牌子尽各自的力量。

借“城”兴城蓄力发展

德州为什么这么看重“中国粮油食品城”这个招牌呢?

张书鹏透露,建设中国粮油食品城是推动德州粮油食品产业升级、提高德州粮油产业的区位优势和产业集聚力、形成具有竞争力的强势产业集群、树立德州粮油品牌的关键一步。

“‘食品城’的申报成功,给德州带来了预想不到的‘群体效应’,加快了粮油食品产业的发展,实现向精深加工转型升级,加速做大、做强龙头企业,形成集群发展,并引导其向绿色农业、有机农业和超有机农业发展,增强市场竞争力。”张书鹏说,“同时,还带动了食品机械包装、物流等相关配套产业的发展,尤其在全市粮食持续丰收的情况下,为农民增收提供了多条就业渠道。”

按照产业做大、做强的要求,德州市积极调整粮油产业结构,转变发展方式,大力扶持粮油产品加工龙头企业,不断延伸产业链条,涌现出“发达面粉集团”、“巨嘴鸟工贸有限公司”、“谷神生物科技”等一大批国字号、省字号龙头企业;形成了以发达集团、永乐集团、顺发集团、宇峰集团、中粮面业(德州)等为龙头的小麦加工转化企业群,以保龄宝公司、龙力集团、乐悟集团等为龙头的玉米深加工企业群,以谷神生物科技、禹王集团等为龙头的大豆深加工企业群。

龙头企业的集聚壮大,加快了德州市粮油食品工业优化升级,形成了独具区域特色的三大粮油食品加工体系。其中,以禹城市为代表的玉米及玉米芯深加工,产品研发能力强,市场成熟度高,生产规模居国内乃至亚洲首席位置;以夏津县为代表的小麦深加工,全县日加工能力14930吨,年实现销售收入126亿元;以陵县为代表的大豆深加工,发展势头强劲,加工能力位居全省前列。

德州在“转方式调结构”中实现了由传统粮油工业向现代粮油工业的转变,提升了德州市粮油加工业的产业层次,延长了产业链条,取得了较好的经济效益和社会效益。

目前，德州市规模以上食品加工企业达256家，固定资产26亿元，其中面粉加工企业110多家，年加工能力500多万吨，位居山东省第一、全国前列；玉米深加工企业32家，深加工能力200万吨，居全国前列；油脂加工企业84家，年处理原料能力330多万吨，属山东省油脂加工强市。

围绕建设“中国粮油食品城”，德州未来将着力打造中国最具影响力的粮油食品加工中心、信息中心和交易中心，聚集粮油产业优势，培植骨干龙头企业。延伸小麦加工、玉米加工、大豆加工和有机食品加工4大产业链条，提高产品的附加值，促进产业升级，实现粮油食品大市向产业强市的跨越。

辉煌是昨日的回报，开拓是明天的主题。收获“一座‘城’带活一方经济”硕果的德州人正在谋划“十二五”宏伟蓝图，尤其是德粮人那“大粮仓、大市场、大产业”的战略规划，将为一日千里建设中的“食品城”添上浓墨重彩的一笔。

德州升级：
深加工的生产力

·胡增民·

德州北依京津，南靠济南，西接石家庄，东连渤海湾，处在渤海湾经济圈之内，是华东、华北两大经济区的连接带，有着“南北借力、东西逢源”的地缘优势。德州，这个历来粮油资源丰富的城市，从发展粮食产业化到发展现代粮食流通产业，再到粮食深加工的升级转变，谱写了一曲曲辉煌的德粮赞歌，“中国粮油食品城”就崛起在这片古老的土地上。

一日三餐，五粮佳酿。粮食，这个古老而世代相传、永恒而关系民生的字眼，伴随着时代变迁的号角，呈现出一幅凤凰涅槃般的精美画卷。

德州，这个历来粮油资源丰富的城市，从发展粮食产业化到发展现代粮食流通产业，再到粮食深加工的升级转变，谱写了一曲曲辉煌的德粮赞歌，“中国粮油食品城”就崛起在这片古老的土地上。

“九达天衢神京门户”

德州北依京津，南靠济南，西接石家庄，东连渤海湾，处在渤海湾经济圈之内，是华东、华北两大经济区的连接带，有着“南北借力、东西逢源”的地缘优势。自古就有“九达天衢，神京门户”之称。京沪、德石、济邯和在建的京沪高速铁路、德烟铁路在此交会，京福、济聊、青银高速公路穿境而过，5条国道、14条省道纵横交错，形成了四通八达的交通网络，是国家公路运输枢纽城市。

上溯至四千年前，夏代初期德州地域即建立有隔氏之国。该区域因地处黄河下游，境内错落有致地分布着比较广阔的冲积平原，地势平坦，土层深厚，蕴水丰富，是农业发展的理想场所。先秦时期，德州运河区域气候温暖，雨量充沛。古老的黄河、济水、漯水、鬲津河、马颊河、胡苏河、钩盘河、徒骇河等河流经境内，丰富的自然资源不但为农业的发展奠定了比较坚实的基础，还为发展农业提供了优越条件。随世代沧桑变幻，延续至公元1949年中华人民共和国成立初期，共落实耕地1533.9万亩，盛产粮、棉、油，属传统农业大市。

解放前，德州粮油工业除武城的一家油厂外，主要靠分散的个体采用土碾、土榨、土砻、土磨生产。解放后，随着经济技术水平的不断提高，德州粮油工业的建设和生产技术发展很快，1970年以来，粮油工业企业的“挖、革、改”更进一步发展。到1985年底，全区已完成初次或二次改造的有14个粮食加工厂、5个榨油厂、2个粮油食品厂。由于新工艺、新设备、新技术的采用，全区粮油食品工业的面貌发生了显著的变化：年生产面粉223683吨，油脂30800吨（年处理油料），其中浸出加工能力10000吨，食品2805吨；拥有固定资产1230万元，职工1881人，工业总产值达6949万元。

进入20世纪80年代，城乡人民生活水平不断提高，应民众生活需求，粮食部门跳出单一经营的圈子，改变原粮来、原粮去的老框框，大力发展粮油食品生产。德州从1982年开始筹建豆制品厂。同时，陵县、平原、乐陵、临邑、济阳、禹城六县面粉厂都新上面条车间，缓和了食品成品的紧缺矛盾。到1984年底，生产食品品种有馒头、油条、挂面、糕点、豆制品、调味品等10余种，大力发展了粮油食品工业的生产。

巨嘴鸟“振翅”

近年来，德州市乘着申报和建设“中国粮油食品城”的东风，粮油食品加工业驶入发展快车道。

有关资料显示，在粮油加工产业方面，全市有面粉加工企业110多家，年加工能力500多万吨，位居全省第一、全国前列；玉米深加工企业32家，深加工能力300多万吨，居全国前列。油脂加工企业84家，年处理原料能力330多万吨，属山东省油脂加工强市，其中豆油年加工能力200万吨，棉籽油年加工能力近130万吨；油脂年精炼加工能力100多万吨，其中豆油年精炼加工能力70万吨，棉籽油年精炼加工能力30万吨，花生油年加工能力3万吨。全市白酒年生产能力1.8亿升，啤酒年生产能力4亿升。该市“巨嘴鸟”牌小麦粉、“发达”牌小麦粉、“腾永乐”牌小麦粉先后被评为“中国名牌”产品，“古贝春”38°浓香型白酒在全国白酒评比中荣获第一名。

大力调整产业结构，形成产业链条，以工业带动农牧业发展，“德州扒鸡”、“发达面粉集团”、“中粮面业德州有限公司”、“谷神生物科技”、“巨嘴鸟工贸”、“环宇集团”、“福田药业”、“德州金锣肉制品”等一大批食品加工企业被国家和省命名为龙头企业。目前，全市现有规模以上食品加工企业256家，固定资产26亿元，形成了以粮油加工、鲜冻畜禽肉、白酒、食品添加剂为重点的食品工业体系。

以建设京津地区主要畜产品基地为目标，组织实施了10万头奶牛、百万头肉牛、500万头生猪和亿只家禽生产基地。2007年末生猪存栏340万头，牛存栏237万头，羊存栏248万只，家禽存栏4500万只，肉类产量100万吨，位居全国前列，畜产品京津市场占有率达到10%以上。

“三延伸一拓展”

德州市粮食局局长张书鹏说，德州发展粮油精深加工潜力无限，“四大链条”将为“中国粮油食品城”奠定起飞新支点。

延伸小麦加工产业链条：以中粮面业（德州）有限公司、发达面粉集团、永乐食品有限公司、巨嘴鸟工贸有限公司、宁津顺发制粉、豪康制粉等企业为龙头，积极发展食品专用粉和营养强化粉，加强综合开发和利用，用小麦淀粉生产味精；用小麦谷朊粉配置高等级粉，开发杂粮方便面，改善肉制品风味等；用小麦麸皮加工高档次的膳食纤维和饲料；用小麦胚芽加工膨化食品、胚芽胶囊和提取胚芽油。

延伸玉米加工产业链条：以环宇集团保龄宝生物开发有限公司等企业为龙头，发展玉米蛋白、玉米胚芽油、变性淀粉、淀粉糖、酒精及其他各种深加工综合利用产品，提高玉米的附加值和经济效益。同时积极开发进入一日三餐的方便营养食品，如高级玉米粥、玉米米、玉米面发糕、玉米方便面等，突出主食粗细搭配，使居民的膳食结构更加合理。

延伸大豆加工产业链条：以谷神生物科技集团和天马粮油食品集团等企业为龙头，着力发展大豆分离蛋白、组织蛋白、浓缩蛋白等新型大豆食品，加快传统大豆食品的工业化进程。积极开发大豆卵磷脂、低聚糖、异黄酮等功能性食品，加快研制高质量、高附加值、高效益的具有特殊营养功能的新产品；以双福油脂、德州宏鑫花生蛋白食品有限公司等企业为龙头，重点发展高级专业用油生产，推广色拉油、高级烹调油、煎炸油、人造奶油等产品。加强油脂综合利用，利用油脂精炼副产物提炼卵磷脂、脂肪酸等高附加值产品，开发、扩大油料蛋白在食品工业中的应用。

拓展有机食品加工产业链条：以山东华农食品有限公司等企业为龙头，全力打造三安有机食品生产基地，按照“公司+协会+农户+科技+专业合作社”要求，规范操作，高效运行。实现企业与上游农户、基地，企业与下游（流通企业或消费市场）的联结机制不断创新。

巨嘴鸟：

品牌引领面粉消费新潮

•胡增民•

当面粉行业"群雄逐鹿"的时候，德州巨嘴鸟工贸有限公司凭借品牌制胜和差异化竞争理念，经过不懈努力，已发展成为资产总额2.8亿元，年加工小麦30余万吨，年产2万吨谷朊粉、10万吨生物工程原料的综合性粮食加工企业。

中国面粉业许多专家、学者在谈到德州巨嘴鸟工贸有限公司的成功时，都会提到两点：巨嘴鸟在中国面粉加工业的横空出世，首先得益于其创业之初对中国面粉行业业内品牌现状的分析（没有全国性的品牌），确立巨嘴鸟要走全国销售，做业内第一品牌的理念。其次是产品的定位准确，做民用通用粉全国各厂家的众多产品几乎都在一个档次上，消费者选择面粉时选任何一家都一样。面对这种现状，公司确定突破这一瓶颈，推出"砂子粉"这一面粉概念，使其产品在市场上凸显个性。

品牌为王

作为农业产业化省、市两级重点龙头企业，德州巨嘴鸟工贸有限公司积极响应政府的决策，依据自身优势，实施名牌战略，扩宽产业链发展模式，成为全国面粉加工业的龙头骨干企业之一。

公司董事长兼总经理满增志深有体会地说，打造一个成功的品牌不是件容易事，它需要诸多的因素融合在一起，也需要一个长期的过程。企业有了自己的知名品牌，就像鸟儿有了翅膀，这是企业迅猛发展的助推力。

所以，巨嘴鸟公司在创业之初，十分坚定地选择了"巨嘴鸟"为商标，意欲打造"巨嘴鸟——中国面粉行业第一品牌"的形象，让人们一看到"巨嘴鸟"这个标志就有一种腾飞的感觉，有一种强大的震撼力。

在激烈的市场竞争下，谁做成品牌，谁就能赢得市场。

在公司生产经营不断发展同时，品牌的宣传力度也逐渐增大。公司从财力、物力、信息资源等方面配合各级经销商做好产品在当地的宣传，统一品牌宣传形象，充分利用各种新闻媒介渠道及户外广告、展销会、洽谈会等方式，使"巨嘴鸟"品牌在国内声誉斐然。

在此基础上，公司继续加快建设步伐，对产品包装进行重大改革，突出品牌的鲜明个性。在商品及服务国际分类的45个类别都进行了“巨嘴鸟”品牌的战略保护，同时又对此品牌进行网络实名注册保护。

对于市场上各种假冒、侵权“巨嘴鸟”商标案件，委托受聘于公司的知识产权代理公司对各种异议商标提出质疑，严厉打击了各种侵权假冒企业合法商标行为。

经过公司不懈的努力，加上精益求精的产品品质保证，2004年7月“巨嘴鸟”牌系列小麦粉终于被评为全国面粉生产企业首批“中国名牌”产品之一，品牌发展战略初战告捷。2007年7月公司再次被评为“中国名牌”产品，荣获“中国名牌”双冠王称号。

颠覆“白精细”观念

随着社会的发展，生活水平、生活质量的提高，人们在潜意识里总认为面粉越白越好，越细越好。于是增白剂泛滥，破坏了面粉的营养价值，过多的品种设立，也让消费者无从选择。

正是为了维护消费者的利益，巨嘴鸟公司积极打造“放心品牌”面粉，开展“放心粮油”活动，为当地形成放心粮油规模化发展作出了实实在在的贡献。

2001年“巨嘴鸟”系列面粉率先打破面粉越白越好、越细越好的传统消费观念，成功开发了“砂子粉”、“颗粒粉”等市场领导型面粉产品，该系列产品麦香味浓郁纯正，入口爽滑，投放市场即获得广大消费者的青睐。

2005年研制开发的不含任何增白剂、添加剂，绿色、健康的北京专供系列面粉，成为面粉业首家推出此产品的企业，引领了面粉消费观念的更新，在业界和市场引起较大反响。

2006年经过对国内外面粉工业现状的考察和分析，公司决定实施焙烤专用粉系列产品的研制开发与市场开拓工作，利用自有的原粮优势、设备优势研制开发出面包专用粉、糕点粉等产品，投放市场后成为企业又一个新的经济增长点。2006年公司在市区推出“巨嘴鸟大方馒头房”，并且形成连锁发展模式。

巨嘴鸟工贸有限公司运用“海纳百川”的营销理念积极构建企业的营销网络，既大胆“攻城略地”，又稳妥“步步为营”。目前已在全国建立完善的以东北市场为重点，遍及北京、天津、华北、华东、华南、西南等行政区域中的20多个省、市、自治区，多个大、中城市的广泛营销网络。

实行区域层层代理机制，开拓超市物流配送渠道，与大型食品加工厂、宾馆、酒店建立直接的营销关系，“巨嘴鸟”品牌系列面粉以其鲜明的产品特点、良好的产品品质、及时有效的售后服务赢得了广大消费者的赞誉。

将小麦“吃干榨净”

为提高企业产品的技术含量，摆脱面粉加工业粗放型、低技术含量、低效益的传统模式，巨嘴鸟公司决定发展上下产业链。在产业链上和科研单位、院校合作研发优质新产品，在产业链下做好深加工。

在向小麦精深加工领域拓展方面，公司陆续建立了硒强化小麦粉生产线、小麦胚芽粉生产厂、挂面生产厂等新项目。

2008年巨嘴鸟公司投资新建山东江口生物科技有限公司，投资5亿元建成年产2万吨谷朊粉、10万吨生物工程原料项目，以小麦粉为原料生产生物工程用原料糖浆，这是山东优质小麦产业化发展的重点主攻方向之一，所生产的生物工程原料产品非常重要的领域之一是细菌肥料用培养基，在直接提高农作物产量和质量的同时，可帮助土壤进行自我修复和改良，改变土地板结现象；同时还可以用于净化水质，处理污水。

江口公司目前已与ETS（天津）生物科技发展有限公司签订合作协议，从ETS（天津）生物科技发展有限公司购进菌种，该公司生产中产生的细菌肥料培养基混合发酵，由此生产的菌剂肥料全部由ETS公司回购。

资料显示，江口公司已于2010年6月底全部建成投产，预计年销售收入为73650万元，成本费用63960万元，利润总额9690万元。

“将微生物有机饲料投放有机小麦实验生产基地，更加保证了原粮小麦的产品质量。在这一生态循环链中，实现了企业产业链的延伸，公司逐步形成以面粉加工为依托的多元化发展局面，巨嘴鸟公司完成了一次成功的转型。”江口公司总经理曹志强博士如是说。

徐山元：“发达”之路在足下

·胡增民·

15年前，他靠一个小面粉机组步入了面粉加工行当。

15年后，他把发达面粉集团带入日加工小麦2600吨、日加工挂面200吨的“境地”，使得发达面粉集团最终跻身国内大型面粉加工企业行列。

他凭借锲而不舍的精神和诚信经营的理念，演绎了一出面粉加工行业“从奴隶到将军”的传奇。

发达面粉集团有限公司始建于1995年，总部位于我国优质小麦主产区华北平原腹地——山东省夏津县。

15年过去了，在董事长徐山元的领导下，发达面粉集团现已拥有9家直属子公司和一家部级科研机构（国家小麦加工技术研发分中心），日加工小麦2600吨，日加工挂面200吨。公司生产的“发达”牌小麦粉荣获“中国名牌”荣誉称号，“发达”牌商标被认定为“山东省著名商标”。

冰冻三尺非一日之寒。徐山元15年前创业时，压根就没有想到能做成今天这个样子。

从“小打小闹”起家

翻开徐山元的“人生档案”，显示其1978年高中毕业后曾参加高考，考了231.5分，凭他的成绩，完全能够上大学，但他觉得即便是上大学回来被分到机关事业单位，每个月也不过只挣几十元钱，所以就没有去上大学。

1995年7月，他倾尽所有投资11万元，在一个东西长49米、南北长38米的院子里，利用从河南修武买来的面粉小机组，开启了他的面粉加工生涯。

徐山元说，那时候一天只能加工万把斤，主要是搞兑换。一开始由于对粮食加工行业比较感兴趣徐山元就入了这一行，当时他认为人都要吃粮食，而且面粉加工又不是什么高科技，加工程序简单，应该没有困难。其实，说起来容易做起来难。徐山元的小面粉机组开张后，并不像他想象的那么简单，生意更没有红火起来。一是当地老百姓不认可，二是同行的挤压，大家竞相压价，恶性竞争。

当时，夏津县双庙乡的一个乡办企业也有一个作坊式的面粉机组，徐山元跑到那里想和人家联合，想用自己的设备，依靠对方的品牌来共同发展。可想不到人家并不买账，只说“你能做就做，不能做就关门”。

徐山元是个倔犟的山东汉子，他没有在困难面前低头。他认准了开弓没有回头箭，既然投上了，就不能眼看着让它“死”掉。

徐山元毕竟喝过几年墨水，兑换走不通，他另辟蹊径，决计加工面粉销售，卖给县城做挂面、做馒头的。

可是买小麦没有钱啊？徐山元当时连100元钱也从银行贷不出来。

当年的10月份，一次他开三马车带着孩子到夏津县农科所挂面厂卖几千斤面粉，百十袋面粉全部是自己装卸车，卸完面已到中午12点，对方去储蓄所取钱时已关门了，要等到下午2点。

如果回去下午再来，要来回跑20多公里。为了省个油钱，他给孩子花2元钱买了10个小包子，自己则饿着肚子。

谈起这件往事，徐山元至今记忆犹新。

徐山元一开始就重视面粉质量，很快便打开了销路。1996年5月又上了一个机组，这一年他还买了一套旧设备，就这样，他的日产量达到了4万斤。

徐山元的路越走越宽。1997年，他开始到天津找市场。

转眼间到了1999年，随着人们生活水平的提高，小面粉机组因为能耗高、产量低、产品质量不稳定而渐渐没有了市场。此时徐山元经过几年打拼虽然有点积蓄，但是要上一个像样的面粉厂还是有点捉襟见肘。

山不转水转，此时适逢国有粮办工业企业改革，头脑机灵的他利用其淘汰旧设备的机会，从本省的广饶、茌平、庆云3家面粉厂购来旧设备，从淄博请来技术人员，自己拼装了一个日产120吨的面粉生产线。12台机器如果上新的少说也要200多万元，而他拼装下来才60多万元。拼装的机器虽赶不上新的，但拿他自己的话说，比小机组要强多了。

靠“一诺千金”兴业

2010年8月9日上午，鲁北大地下起了淅淅沥沥的小雨，但这丝毫没有影响发达面粉“运转”的脚步。

徐山元说，发达有三个“怪现象”，一是在整个面粉行业处于买方市场时，而在发达则是卖方市场；二是市场上没有一个业务员；三是除春节前停5天、节后停7天外，常年不停机。2010年上半年集团销售额达7亿元，而去年同期则是近6亿元。

谈到成功的秘诀时，徐山元笑着说，主要是信誉好。发达因为没有业务员，把销售费用让利给经销商、代理商，他们都乐于与发达打交道。2006年大连已有一个代理商，而另一个经销商找到济南托关系向徐山元“求情”，想代理发达面粉，发达也没有应允。

有一年在麦收前，辽宁海城一个叫赵汝涛的订了发达180吨的货，当时讲好是以后无论涨跌价格都不再变更。结果后来价格一直落，1吨降了上百元。赵汝涛因为有“君子协定”，眼看着赔钱也说不出来，而发达则主动给他打电话每吨给他下落100元，一共降了1.8万元，赵汝涛非常感动。

本来按合同办事是天经地义的，可发达总是替代理商考虑。2009年面粉涨价的时候，为了保护经销商的利益，签订的五六千吨的合同按原定价格发货，每吨少赚60元，一共少赚了36万元。

徐山元解释说，表面上看少赚了36万元，实际上提高了在经销商心目中的地位。

凭“远见卓识”发达

徐山元目光长远，善于抢抓机遇。2003年随着经济转型和企业改制，部分小麦产区的面粉加工企业面临破产重组，发达乘势而上，2003年和2004年先后兼并、收购了武城县面粉厂、济宁金乡华星面粉公司、枣庄神农面粉公司。小麦产区的闲置设备与公司的资本、技术优势对接，实现了公司规模的不断发展与壮大，面粉生产能力扩大到日处理小麦1650吨。

2008年又与青海省粮食局合作，在青海省大通县建成1条日加工小麦300吨的生产线，至此发达日加工小麦量达到2600吨。

徐山元注重强化技术创新，完善企业管理，树良好品牌形象。

为了提高企业研发实力，发达先后在河南工业大学、武汉食品工业学院等高校聘请了多名权威专家、知名教授做企业顾问。他们还组建了自己的研发中心，并于2009年被国家农业部认定为“国家小麦加工技术研发分中心”。

京杭大运河畔，徐山元的脚步并没有放慢，他和他的发达集团正步履坚实地伴着“身边”的京九、京沪铁路高歌猛进。

Part 8

宁夏灵武

河
中国灵武长
梧桐树乡
黄
灵武市
东塔乡
307
磁窑堡镇
中国精品羊绒产业名城
水洞沟遗址
宁夏丹富粮油食品有限公司
宁夏兴唐米业集团有限公司
灵武恐龙化石遗址
干
渠
东
白土岗乡
马家滩镇
五里坡乡
211

盐
环
定
扬
水
干
渠

灵武：

袖珍版塞上江南

•付嘉鹏•

三万年前，这里生存着我们的华夏先民；一千多年前，这里诞生了神秘的西夏文明；现在，这里延续着昔日的"塞上江南"。灵武物华天宝、人杰地灵，不仅具有悠久的历史，还具有丰富的自然资源、旅游资源和农业资源。近几年，在"农业稳市"的战略指引下，灵武粮食已经突破地域局限，冲出了"塞上江南"。

这里有迄今为止我国在黄河地区唯一正式发掘的旧石器时代遗址，是"中国史前考古的发祥地"；这里地处宁夏引黄灌区的精华地带，素称"塞上江南"；这里诞生了神秘的西夏文明，成为众人向往之地；这里县制历史长达2200年，古称灵州，今名灵武。

考古发掘证明，早在三万年前的旧石器时代，这里就有华夏先民以渔猎为生，繁衍生息。

灵武自然资源众多，尤以矿产资源为豪。煤炭、石油、天然气、黏土、石灰岩、湖盐、陶土、芒硝、石膏、砂板石等矿产资源品种与储量在宁夏首屈一指。其中，煤炭、石油和天然气的储量最为可观。

灵武旅游资源非常丰富。这里历史悠久，名胜古迹众多。神秘的西夏文明诞生于此。一袭白色长袖衣的李元昊，武力建立西夏王朝，历史上一度与宋、辽（金）分庭抗礼。然而，由于成吉思汗的屠城杀戮，盛极一时的党项族从历史上消失，西夏历史也随之湮没。

不过，倚黄河之利，灵武丰富的农业资源，更值一说。

自南而北，黄河流经灵武境内47公里。这里四季分明，光照充足，昼夜温差大。独特的自然条件，成就了"多产"的农业。

灵武自古就是著名的"水果之乡"，果树种植已有1500多年的历史。最具地方特色的灵武长枣，从唐朝开始就被历代列为皇室贡品，被誉为"果中珍品"。

羊绒是灵武的另一拳头产业。依托羊绒工业园，灵武积极打造"白色"产业，2006年，灵武被授予"中国精品羊绒产业名城"称号。

粮食加工是灵武又一特色优势产业。

目前，宁夏粮食声名鹊起，尤以宁夏大米著名。近年来，灵武市通过农业产业结构调整，推进粮食作物“三大工程”，促进了粮食产业的快速发展，以粮食生产、加工、交易为主体的产业化体系初步建立，粮食加工、贸易空前活跃。全市培育出如兴唐米业、昊王米业、丹富面粉、金双禾粮油等一批全国知名的农业产业化龙头加工企业，带动了全市农业产业的发展。

“黑白红绿”

“黑白红绿”代表什么？或许你会说，这代表4种颜色。然而，在灵武，这4种颜色却代表了4个最具优势的特色产业。

“黑”，代表灵武的“黑金”产业。灵武境内已探明煤炭储量273亿吨，占宁夏探明储量的80%，是东北三省煤炭储量的总和，是国家级亿吨整装大煤田，位居全国13个煤炭生产基地之列。

“白”，代表灵武的羊绒产业。“世界羊绒看中国，精品羊绒在灵武”，羊绒产业是灵武又一特色优势产业。目前，灵武市年流通原绒量约占世界的50%，无毛绒产量约占世界的40%以上，羊绒衫年产量300万件以上，已初步形成集羊绒分梳、绒条、纺纱、制衫、面料为一体的生产加工产业链。

“红”，代表灵武的长枣产业。灵武长枣风味独特，已具1300多年的栽培历史，素有“十八个一斤，十个一尺”之称。灵武现存百年以上长枣树2万多株，长枣以艳丽的色泽、丰富的营养深受市场热捧，最高卖到了每公斤176元。

“绿”，则代表灵武的绿色生态产业。近年来，灵武调整农村产业结构，大力发展草畜、旅游等“绿色产业”。目前，全市广种甘草、苜蓿、玉米等农作物，畜牧业产值占农业总产值的50%以上。

2007年，灵武成功跻身西部百强县；2010年，灵武跃居西部百强的第18位；未来，灵武的目标是，大干快干三五年，争创中国百强县。之所以有此豪情，离不开灵武人发挥优势资源、发展特色产业的气魄。

近几年来，灵武依托丰富的煤炭资源，围绕宁东地区煤炭、电力、煤化工三大核心产业，力推宁东“一号工程”；灵武建立了“万亩灵武长枣全区标准化示范园”、“宁夏灵武长枣现代农业示范园区”和“灵武长枣有机食品生产示范点”，重塑“水果之乡”；灵武把境内的恐龙博物馆、水洞沟遗址、羊绒园区工业观光、绿色生态建设、白芨滩草方格生态游等连成一线，打造出一个集文物考古、历史遗迹、工业观光、特色生态为一体的绿色旅游城。

2010年9月4日，第三届中国宁夏灵武国际羊绒节在灵武开幕。来自国内外160多家羊绒、服装企业的近千名代表，共话白色畅想。开幕式上，灵武被授予羊绒产业“国家新型工业化产业示范基地”。

精品粮仓

作为宁夏粮食主产区之一，灵武盛产水稻、小麦和玉米三大骨干粮食品种。目前，灵武正在强有力地推进“工业强市、农业稳市、三产兴市、特色建市、开放活市”五大战略。作为灵武最重要的发展战略之一，“农业稳市”战略将让灵武稳坐贺兰山下。

到2015年，全市的年粮油加工能力将达到100万吨，加工转化粮食70万吨，销售收入24.5亿元，实现利税1.92亿元。在目前粮食产量尚且不能满足自己消费的前提下，灵武何来如此规划且充满信心？答案是源于粮食的高品质。

宁夏引黄灌区土地肥沃、光照充足、昼夜温差大、病虫害轻，自古就是栽培粮食的最佳地区。《嘉靖宁夏新志》记载：“宁夏左黄河，右贺兰，山川形胜，鱼盐水利，在在有之。”灵武，位于黄灌区的精华区，种植的粮食自然是最佳中之最佳。

在灵武粮食中，大米首先奏出华美乐章。

2009年8月，全国优质食味粳稻品评召开。宁夏农林科学院农作物研究所选育的优质水稻品种“宁粳43号”大米以86.1分高居榜首，品质超过日本“越光”大米，成为国内高端大米品种。2010年7月，宁夏优质大米推介会召开。农业部农产品质量安全监管局局长马爱国宣布授予宁夏大米农产品地理标志登记证书，宁夏大米成为全国唯一以省份冠名的农产品地理标志。

“宁夏地域狭小，宁夏大米的主要种植区域集中于银川平原。在这片区域中，又尤以灵武、青铜峡、吴忠等几个地方所产粮食优。”宁夏金双禾粮油有限公司董事长孙兵骄傲地说，灵武种植着宁夏大米的一等品。因此，作为宁夏粮食生产的核心区，灵武大米支撑了宁夏大米的响亮。

目前，粮食产业已成为宁夏全区最具活力的特色产业，灵武的粮食产业则构筑成特色产业中的主力军。

为保持主力军地位，马宝川说，未来，通过大力推进龙头企业建设、实施名牌战略、推进产业园区建设、着力建设特色农产品种植基地等一系列措施，灵武将全面提升粮油工业的整体实力和产业化水平。

弥补遗憾

不过，相比依托煤化工产业建立起的国家级循环经济示范工业区、依托羊绒产业建设的羊绒产业园以及依托长枣产业形成的各类示范园，灵武粮食人还有自己的缺憾。

灵武处于黄河东岸，是灵武、吴忠、永宁及青铜峡等市县交界处，交通优势明显。由于特殊的地理优势和历史悠久的通商基础，灵武新华桥粮食经营和贸易早已声名远扬，年粮食贸易量已超55万吨。粮食贸易有一定基础后，灵武及时发展粮食加工业，涌现了一批具有区域竞争优势的企业。

近年来，灵武的粮食加工和贸易空前活跃，以粮食生产、销售、运输及储藏为代表的企业如雨后春笋般成长起来，从而带动了全市农业的发展。目前，灵武的粮食贸易关系遍及大江南北。

然而，灵武的粮食产购销并没有可依托的粮食物流园。经过调研，灵武粮食部门发现，凭借优越的区位优势和产供销规模，"新华桥"在全区已形成一定的比较优势。以新华桥为基础，建立一个粮食物流园区的念头，开始在当地粮食部门工作人员的脑子中盘旋。

"发展现代粮食物流，能为经营主体提供真实、准确的有效信息，提高企业的组织化程度和市场竞争力，使粮食在流通过程中实现增值。"说起粮食物流园的建设，灵武市粮食局办公室主任马生云打开了话匣子，"能提高粮食的标准化程度和质量安全，减少粮食在运输过程中的损耗，降低和杜绝粮食公共安全事件的爆发，有利于保障城乡居民的利益，稳定增加农民收入。"几经调研，宁夏灵武市（新华桥）粮食物流园区建设项目规划浮出水面。

粮食物流园区建成后，将成为宁夏最重要的粮食物流中心和交易平台。目前，该项目已经进入了具体实施阶段。

千年水利哺养塞上米粮川

•付嘉鹏•

灵武，这个围困于黄土的历史名城，历史灿烂。作为我国古代的塞上历史名城，灵武创造了悠久的农业种植史，也造就了千年水利史。

考古发掘证明，早在三万年前的旧石器时代晚期，华夏先民就在灵武这片神奇的土地上以渔猎为生，繁衍生息。

这并不是灵武历史的起点。

2004年，灵武恐龙化石遗址被发现，这是迄今为止我国发现面积较大、分布集中、保存完整的恐龙化石群。它告诉我们，1.6亿年前，灵武气候温湿，水草丰美，适合生物生长。

灵武农业古已有名。据传，公元645年，唐太宗李世民巡视灵州，品尝到此地所产的大米时赞不绝口，称曰："真乃米中之珍品。"从此，灵武大米成为历朝贡品，闻名遐迩。

灵武特殊的区域优势，自不必讲。

这里光照时间长、气温适宜，加上平坦的土地，形成了最佳的资源匹配。不过，这里丰富的水资源，才是形成优质粮食的关键。从古至今，灵武人民注重兴修水利，织就错落有致的水利网，引黄河水灌溉出了良田。

秦汉定水利

灵武所处的银川平原，由黄河冲积而成，地势平坦，土层深厚，引水方便，利于自流灌溉，早在2000多年以前，这里的先民就凿渠引水，发展农牧。历朝历代，这里坚持兴修水利，灌溉农田。秦渠、汉渠、唐徕渠延名至今，流淌至今，形成了大面积的自流灌溉区。

追溯历史，灵武乃至整个宁夏的引黄灌溉历史，始于秦渠。秦渠又名北地东渠，渠口在青铜峡北，引黄河水向东北流经吴忠市，一直到灵武市。自战国后期起，秦的国力日益强大。它先后打败了西戎义渠和游牧民族匈奴，将领土扩大到河套及其西南的广大地区。秦在河套地区建县设障、移民开边。当时，驻守军队的给养成了一个大问题。在当地开渠灌溉、发展农业，成了牵涉秦帝国北方安定的国事，秦渠应运而生，至今秦渠水仍川流不息。

秦始皇之后，汉武大帝为了巩固边防和政权，在银川平原也掀起了三次大规模的水利建设高潮。时间回归汉元光三年，银川平原河决瓠子，泛滥成灾。汉武帝英明决断，在全国范围内兴修水利。到元狩四年（公元前119年），大汉王朝漠北大败匈奴，之后在今甘肃永登县西北至内蒙古河套平原黄河沿岸修渠引水，开展大规模屯田。元封二年（公元前109年），汉武帝亲率群臣发动军民堵塞黄河瓠子决口，形成全国上下兴修水利的热潮。

因为秦汉王朝的努力，银川平原的水利格局得以确立。此时，银川平原开始由以草原生态系统为基础的游牧经济，逐渐向以灌溉农业为中心并与牧业相结合的农牧经济转变，银川平原开始成为全国有名的大灌区，灵武也渐成鱼米之乡。

在这个鱼肥稻香之地，人类揭开了波澜壮阔的历史长卷。

西夏兴农业

神秘的西夏文明，已成为灵武文明的标签。

从建立到灭亡，西夏历史长达两百多年。西夏历代君王重视发展农业和畜牧业，为西夏的鼎盛奠定了物质基础。

游牧民族党项族原来主要从事畜牧业和狩猎，经济并不发达。西夏初期，占领了宋的灵州和兴庆等地，又向西占领了凉州和瓜州等地。这些地区，五谷丰饶，盛产蔬菜、水果和粮食，逐步成为西夏农业生产的主要基地。

史书记载："耕稼之事，略与汉同。"通过学习汉族先进的农业生产技术，西夏农业经济迅速发展。到西夏建国时，农业生产已成为西夏社会经济的主要部门。

西夏历代君王非常注重水利建设，极大地促进了粮食生产。

西夏建国后，景宗李元昊提倡大力兴修水利工程，并亲自主持修筑了"昊王渠"。以后，兴庆府、灵州一带，一直是西夏粮食生产的主要基地。

夏仁宗时期，在修订的法典《天盛改旧新定律令》中，专设条文具体规定了水利灌溉事宜。

西夏末年，在蒙古族铁骑的多次进攻下，西夏生灵涂炭。元、明时期，党项族、羌族融合于其他民族中，西夏文因无人辨识成为死文字，西夏被历史尘封。

新时代新画卷

新时期的灵武，站在了新的历史起点上。党和国家领导人曾多次视察宁夏水利工作。

自治区成立50周年前夕，国务院专门出台了《关于进一步加快推进宁夏经济社会可持续发展的若干意见》，突出强调了宁夏水利工作的重要性，对水利改革与发展提出了更高要求。

灵武抢抓机遇，采取多种方式，不断完善农田排灌系统，建设现代节水灌溉体系，发展节水农业，为把粮食产业建立成为优势主导产业创造了条件。

如今，灵武优质大米基地，正逐步发展成为宁夏乃至西北区域主要的大米加工流通核心区。灵武粮食产业业已成为继煤化工、羊绒产业之后的第三优势主导产业。

到2015年，灵武将确保粮食种植面积稳定在40万亩，总产量稳定在1.6亿公斤左右，还将建设宁夏珍珠米规模种植基地，建设优质专用小麦产业带和优质专用玉米产业带。

届时，灵武市年粮油加工能力将达100万吨，加工转化粮食70万吨，销售收入24.5亿元，实现利税1.92亿元。

兴唐贡米：西北米业骄子

·付嘉鹏·

依托当地优势资源，兴唐米业改革管理制度、丰富产品序列、完善服务体系，把一个亏损百万的国有企业，打造为独步宁夏的国家级农业产业化重点龙头企业。

灵武的滨河大道被称做当地景观大道，平整的道路两旁，水草丰美，鱼跃稻香。来到这里，你会不自觉地停下脚步，看看蓝天、白云。

忽然，远方一片欧洲雁跃向蓝天。走近观看，稻田中，嬉戏的草鱼和不时冒出的螃蟹相互游斗，鸭子嘎嘎地尾随追赶。一幅和谐的自然风景画，尽现眼前。

询问当地人才知道，这里是宁夏兴唐米业集团有限公司(以下简称“兴唐”)的水稻基地。

从一个效能低下的国有企业，改制成一个欣欣向荣的民营企业，再到国家级农业产业化重点龙头企业，兴唐米业艰苦卓绝地走了整整10年。10年励精图治，无论企业生产规模还是技术装备水平，兴唐在国内都是领先。

“我们的步伐还是不够快!”兴唐米业的董事长、总经理杨茂红谦虚不已。不过，兴唐“年处理水稻18万吨，生产大米12万吨，并拥有6万吨原粮仓储能力”，这些数字已成为当地粮食加工业的标杆。

好底子做好产业

同行认为，兴唐迅速发展的优势在于“底子好”。兴唐的好“底子”，其实包括两个方面：一是原料好，二是起点高。

兴唐的原料好，是因为兴唐贡米源于最佳生态环境之一的宁夏平原腹地。兴唐位于宁夏灵武，这里是宁夏引黄灌区的精华地带。

公元645年，唐太宗李世民巡视灵州，品尝当地大米时赞称曰：“真乃米中之珍品。”从此，灵武大米成为历朝贡品，闻名遐迩。

好原料当然造好米。兴唐贡米选用灌区当年优质粳稻，经多级工艺精制而成，成饭后油润爽口、清香四溢。

相对于其他大米加工企业，兴唐米业的起点也“高人一等”。

兴唐米业的前身是有着国有企业身份的灵武市精米厂，1999年建成。该厂每年可处理水稻4.2万吨，生产精米3万吨，曾被宁夏确定为农业产业化重点龙头企业。投产后由于产品定位不准、营销网络不健全等原因，企业出现严重亏损，龙头企业称号有名无实。2001年7月，灵武市精米厂改制为民营企业，更名为兴唐米业。

拥有当时世界上先进的生产线，成为兴唐米业的最大竞争优势。不过，如何让设备发挥其应有的效力，成为兴唐米业改制时面临的最大问题。

国企管理制度不健全，职工大多懒散。为解决这个问题，企业往往需要耗费绝大部分精力。新产品开发只能是一纸计划。因此，产品品种单一，科技含量偏低，成为企业发展的瓶颈。

以改制为契机，兴唐米业建立了较为完善的管理机制，将目标层层分解，建立了“能者上、庸者下，收入靠奉献”的分配体制，充分调动了员工的积极性。

短短几年，兴唐米业就通过了有机食品认证、绿色食品认证、ISO9001认证，还被中国粮食行业协会授予“放心米”称号。

好服务赢好口碑

“产品就是嫁出去的女儿！”兴唐人对销售出去的产品有统一认识。“不管顾客有什么需求，你要第一时间赶到；不管是不是你的问题，你都要去现场看看，并帮助其解决。”本着这个原则，兴唐米业的售后人员奔波于全国各地。

“对企业，我们具备‘狗一样的忠诚和黄牛一样的吃苦精神’；而对客户，我们有‘夜莺般的言辞和火一样的热情’。”主抓销售的王明君经理这么要求兴唐人。

现任兴唐米业办公室主任的黄丽，出身销售，她有亲身经历。一天，黄丽接到了一个投诉电话，这是位老石油工人，他投诉兴唐的产品存在质量问题。换在其他单位或企业，黄丽或许会把这件事抛于脑后，毕竟，这不在她的职责范围内。兴唐米业严格的制度，促使黄丽不得不放下手头的所有工作，专程赶往银川石油城。在这个家庭里，作为福利发放的兴唐贡米占据着储藏室的大部分空间。投诉者指着生虫的大米，愤怒控诉。黄丽环视四周，立即发现了原因。环境潮湿，米袋没有很好地密封，这些都是大米生虫的原因。等老人的情绪平复后，黄丽告诉老人，兴唐会为老人退换生虫的大米。随后，她开始仔细地给老人讲解大米的储藏知识。

老人听说大米久存易生蛀虫，应随吃随买，才发觉是自己储藏不对造成了大米的虫蛀。耿直的老人，为开始的冲动道歉，表示不再退换。当黄丽坚决为老人调换之后，老人表示，将一直支持兴唐米！全心全意的售后服务，推动企业大跨步地扩张。兴唐米自投放市场以来，畅销全国20多个城市，深受消费者好评。

高科技出好产品

作为宁夏唯一认定的自治区级企业技术中心，兴唐米业的大门前，还挂着两块牌子，一块标明是“国家农业综合开发产业化经营中央财政贴息项目，暨2009年宁夏灵武市9万吨优质稻谷精加工项目”，另一块则注明是“全国农技推广县灵武市有机水稻生态种养示范基地”。两块小牌子，见证着兴唐米业在科技方面的大投入。

近年来，兴唐米业大力推广优质高产品种，集成组装配套重大技术增产项目。他们以科技为支撑，提升企业核心竞争力，打造优势品牌。在各级部门的支持下，兴唐米业引进培育了兴唐1号、兴宁1号、红米、黑米等30多个品种，发展优质稻订单15万亩。

兴唐还开展了基质穴盘育秧、不同行距栽培、稻糠防治杂草、不同施肥量试验、太阳能杀虫灯灭虫等试验示范7项。目前，他们已在有机水稻生产区套养河蟹15万只、草鱼5000余尾、欧洲雁5000只、鸭10000只，通过稻田养蟹、鱼、欧洲雁、鸭，研究、探索生态种养和现代农业发展模式。

为确保科技项目顺利实施，兴唐按照一个产业、一套班子、一个技术团队、一个龙头企业来做好各项工作的落实。实行“公司+基地+农技人员”的自主经营模式，以宁夏农科院农作物研究所、灵武市农技推广服务中心为技术依托单位，由灵武市农技推广中心长期固定两名技术人员全程做好各项技术服务工作。

整个项目区建设，严格按照统一优质高产品种、统一育秧、统一机插秧、统一病虫害统防统治、统一技术指导、统一机械收获、统一订单收购的“七统一”要求进行，以提高技术到位率；全面推广应用规范化旱育稀植技术和测土配方施肥技术。其有机稻按照国际标准AA级进行生产，实现了“从农田到餐桌”的绿色革命。

通过不断的努力，结出了累累硕果。兴唐米业先后荣获全国农产品加工示范企业、全国放心粮油进农村进社区“先进单位”等殊荣，产品获“有机食品”、“绿色食品”认证，连续多届荣获宁夏名牌产品，兴唐商标被认定为“中国驰名商标”。

孙兵：
玩转多品牌战略

·付嘉鹏·

贺兰山脉旁，黄河金岸边，人杰地灵，物产丰富。宁夏金双禾粮油有限公司（以下简称“金双禾”）正书写着古老灵州的不老传奇。领头人有勇有谋，在暗潮汹涌的商海中，为企业的“滚动式”发展，准确把握着方向。他，就是金双禾的老总——孙兵。

当然，此孙兵，非彼孙膑。他不统领千军万马，也不曾围魏救赵。不过，他继承了父亲勇于开拓的秉性，凭过人的胆量，成为较早一批进入米面加工行业的传奇人物。在他的带领下，仅用10年时间，金双禾便从一个小型粮食加工厂发展成为宁夏全区农业产业化龙头企业。

跳出家庭局囿

孙兵性情直率，创业历程犹如一个波澜不惊的故事，由他娓娓道来。

1978年，孙兵的家庭经历了一次变革：举全家之力，其父在灵武新华桥镇创立灵武市桂林粮食加工厂。1988年起，孙兵开始在该工厂学习。一元老级员工说，孙兵自幼学习刻苦，潜心钻研，为日后创业奠定了良好基础。不过，孙兵对于企业管理、营销，甚至粮食加工技术的深刻理解，仅凭天赋是无法达到的。

在父亲的领导下，加工厂规模不断扩张。受其鼓舞，许多人也在新华桥创办起粮食加工作坊。目前，这里逐渐成为宁夏粮食加工企业最集中的地方。

“粮食原料占地大，企业发展几年后，你会发现，原来的场地变小了，不能够满足企业生产需要了。”规模不断扩张的金双禾，逐渐与身边的粮食加工企业短兵相接。

企业间时常发生的“肉搏战”，这让孙兵认识到了企业领导人素质和能力的重要。经过学习，关于企业如何发展，孙兵逐渐构思出自己的观点：“粮食加工业的发展，说白了，就是粮机设备的竞争。”因此，“我们挣一点儿，投一点儿，不断扩建、不断技改”，如此循环中，企业继续向前。

几年后，加工厂所处区域已没有扩产潜力，与周边新建企业相比，其设备已明显落后。若持续下去，桂林粮食加工厂势必会被“强食”。重新扩建、重新技改，成为企业发展的迫切需要；跳出父亲局囿，实施自己的所想所创，成为孙兵最大的愿望。

金双禾的成立，成为转机。2000年，投资2200多万元、占地130余亩的宁夏金双禾粮油有限公司成立。年仅26岁的孙兵，出任公司的董事长，成为当时当地最年轻的老总。

多品牌发展

“粮食是便利品，一个品牌就能带动一帮客户”，基于这种考虑，孙兵选择“多品牌进入市场，带动不同消费群体”的发展战略。

“‘禾’是谷类统称，也是绿色的象征。‘禾苗’体现了企业的属性，说明企业是以开发农业为主的粮食企业；‘绿色’则代表健康、环保、生机和希望，说明企业的经营属性和发展态势。‘金’代表着辉煌、灿烂，既说明了企业的辉煌愿景，也体现了产品的价值。”时隔久远，孙兵还是能条理清晰地说出“金双禾”的内涵。对于每个品牌，孙兵都能做到这样。

目前，孙兵掌握的品牌，各有分工。桂林粮食加工厂加工的“桂林”精米，主要面向普通大众；金双禾生产的“塞上金双禾”贡米，则主攻中高端市场。

在孙兵的带领下，金双禾进行了两次技术改造，使大米加工逐步实现了全程机械化作业和电脑自动化控制，大大提高了生产效率和产品质量。企业也先后通过了ISO9001认证和ISO22000、ISO14001认证，“金双禾”系列产品也被认定为宁夏名牌产品。

“丹富”面粉，是孙兵在粮食加工业的更大扩张。2005年4月，孙兵与吴忠市丹富面粉厂共同投资创建了宁夏丹富粮油食品有限公司。目前，丹富粮油食品有限公司已发展成为宁夏规模较大的粮食加工企业。其生产的“丹富面粉”也迅速成为西北地区享有盛名的优质面粉。

Part 9

黑龙江齐齐哈尔

中国马铃薯之乡
中国向日葵之乡
中国麦饭石之乡
甘南县
克山县
依安县
富裕县
绿博会
齐齐哈尔粮食集团
拜泉县
碾子山区
瑞盛食品有限公司
齐齐哈尔市
龙江县
富拉尔基区
屯哥米业有限公司
中国芸豆之乡
钢铁机械重工业基地
晟辉经贸有限公司
泰来县
中国花生之乡

齐齐哈尔：

北国“绿”都

•闫 巍•

绿色食品产业的蓬勃发展，对提高齐齐哈尔农产品的市场竞争力，推进农村经济结构战略性调整以及农业可持续发展，都起到了巨大的作用。

组建粮食集团就相当于全市的粮食贸易企业攥紧了拳头，发力于一点，对绿色食品之都齐齐哈尔的粮食贸易流通起到了积极促进的作用。

在中国东北部的嫩江平原上，坐落着黑龙江省第二大城市，这里是黑龙江省西部地区的政治、经济、科技、文化教育、商贸中心，也是重要的交通枢纽，它就是齐齐哈尔。

齐齐哈尔市始建于1125年，是一座有着880多年历史和丰厚积淀的文明古城。早在1万年前，这里便有齐齐哈尔先民的足迹，他们生息繁衍在嫩江沿岸，成就了新石器时代的“昂昂溪文化”。公元1691年，清朝为了加固边防，康熙批准在齐齐哈尔构筑城池，自1699年起，齐齐哈尔作为黑龙江省省城达255年之久。

“齐齐哈尔”为达斡尔语，是“边疆”或“天然牧场”之意，齐齐哈尔市还有“龙沙”、“卜奎”等别称。因世界珍禽丹顶鹤在比邻市区的扎龙自然保护区栖息，使齐齐哈尔市享有“鹤城”的美誉。

大自然赐予了齐齐哈尔得天独厚的条件：黑色的土地、无污染的河流。寒地黑土地在世界上仅有3块，分别分布在美国密西西比河流域、乌克兰大平原、我国东北松花江和嫩江流域。这种土壤是在寒冷气候下，由地表植被经长期腐蚀形成腐殖质后演化而成的，土壤肥力、理化性质和土质结构居于各类土壤之首，有机质含量高达3%~5%，最适宜农作物生长。在黑土地上产出的农产品微量元素含量高、品质优良、富含营养、食用安全。有地质专家指出，每形成一公分厚的黑土需200~400年，而齐齐哈尔地区的黑土厚度则达到了1米。

人们经常用“捏把黑土冒油花，插根筷子能发芽”、“棒打狍子瓢舀鱼，野鸡飞到饭锅里”来形容这片土地的神奇与富饶。而贯穿齐齐哈尔全境的嫩江更是全国仅有的两条无污染的河流之一，从城市蜿蜒流过，为齐齐哈尔生产和开发无公害、绿色、有机农产品创造了有利的自然条件。

因地制宜勾勒“绿色”画卷

齐齐哈尔拥有耕地约3000万亩，农业大多仍延续传统的耕种方式，加上农药、化肥施用期短，农田并没有遭到严重的污染和破坏，这里盛产大豆、玉米、水稻、马铃薯等农作物，在杂粮、油料、谷类等特色作物上也具有较强优势。

地大、物博、人稀的齐齐哈尔，前几年经济发展相对落后。但是用齐齐哈尔市委绿色食品产业办公室主任的话说，“滞后也有滞后的好处”，因为“经济发展的滞后”，让这块大自然馈赠的厚礼保留了本质，成为目前全国污染最轻的土地，“拥有了这块沃土，就等于拥有了原始资本”。

齐齐哈尔经济发展不会永远滞后，无污染的黑土地也终究能发挥其重要作用。

20世纪90年代初，农业部提出实施绿色食品工程，黑龙江省在全国率先开始打造寒地黑土特色农业。作为全国重要的商品粮基地和畜牧业基地，齐齐哈尔结合本地实际，充分利用资源优势，引导全市广大干部和农民群众对开发绿色食品进行了研究和探索，把绿色食品产业列入建设农业强市的计划，作为发展的重点。同时，齐齐哈尔市政府做出了“打绿色牌，走特色路”的战略部署，把开发绿色食品作为推动农业和农村经济结构、推动全市经济发展和社会进步的重要举措来抓。

当时，开发绿色食品是一项崭新的事业，为了尽快转变人们传统的思想观念和思维定式，让全市人真正认识到绿色食品产业是现代农业的发展方向，是未来农业的发展主题，齐齐哈尔市委市政府把宣传工作贯穿于绿色食品开发进程中。

“种瓜得瓜，种豆得豆”，这句成语用在齐齐哈尔市绿色食品开发中应该是十分形象的，经过多年来强抓不懈的努力，齐齐哈尔的绿色产业如今已是枝繁叶茂、硕果累累。

齐齐哈尔粮食局办公室主任王滨介绍情况时，满脸自豪，如数家珍：齐齐哈尔目前获得国家认证的绿色食品达到了6类、106个绿色产品标志；“中国马铃薯之乡”、“中国向日葵之乡”、“中国芸豆之乡”、“中国花生 (四粒红) 之乡”、“中国腐乳之乡”、“中国黄牛之乡”、“中国肉牛之乡”等13个特色之乡称号已经纳入囊中；齐齐哈尔市在黑龙江省市环境目标责任制评比中获得十连冠，两个县通过国家级生态示范区验收，5个县(市)初步建成跨县域的生态示范区；拜泉县的生态农业已经建设成为全国的先进典型，获国际生态工程一等奖，被联合国工业发展组织确认为绿色食品原料生产基地。

借“绿博”东风抢品牌先机

由于举办了具有标志性意义的中国(齐齐哈尔)首届绿色食品博览会，齐齐哈尔成为一年一次的中国“绿博会”终身承办地，鹤城也因此抢占了绿色产业发展的先机。

“绿博会”已经成功举办了十届，拉动了齐齐哈尔市观光旅游、流通服务等相关产业的发展，让鹤城经济搭上了绿色产业发展的快车。绿博会，是产品、技术、信息集散的平台，全国乃至世界发展绿色食品产业的相关技术及信息在此汇集、交流，成为鹤城发展绿色经济的助推器。

“春风得意马蹄疾”，2002年8月，在第二届绿博会前夕，齐齐哈尔被国家有关部门命名为“中国绿色食品之都”，成为全国唯一摘取“绿色食品之都”桂冠的城市。从此鹤城与“绿色”结下不解之缘。

绿博会让天南地北的客商形成了这样的概念：中国的绿色食品基地在黑龙江，黑龙江的绿色食品基地在齐齐哈尔。

品牌为绿色食品增色，增添高附加值，无论是企业家，还是农民，都能掂出品牌的分量。

齐齐哈尔绿色食品企业瑞盛食品公司的董事长闫仲黎，瞄准绿色食品专利，生产了系列清真绿色品牌食品，2010年又上马了具有高附加值的玉米蛋白粉项目。

而拥有了声名显赫的“嫩江”品牌，攥着青椒、洋葱、豆角等5个绿色食品证书，梅里斯达呼店镇的农民心里挺有底儿。洋葱拉到北京，竟能卖到当地最高价。当初，达呼店镇的三位主要负责人，为了给地里的农产品注册“嫩江”牌，连自家的房子都抵押给了银行。有人出上千万要买这块牌，达呼店的农民说，给多少钱都不卖。

齐齐哈尔绿色农业经济的全面发展，还得益于“四个换位”战略。这个战略是齐齐哈尔市原市委书记，现市人大主任杨信于2003年7月份提出的。“四个换位”是指：在农业内部结构上推进种植业和畜牧业换位，在产业结构上推进农业和工业换位，在劳动力布局上推进农业和第二、三产业换位，在所有制比重上推进单一公有制与多种经济成分换位。

几年来，在“四个换位”战略的指引下，齐齐哈尔市农村经济全面发展。2007年，粮豆薯总产107.6亿斤；畜牧业产值实现80亿元，增长4.5%，占农业总产值的38%；绿色食品、有机食品和无公害农产品认证数量分别增长7.1%、67%和150%，主要农作物全部实现了无害化种植。

齐齐哈尔市委市政府把建设绿色食品产业基地作为其老工业基地调整改造规划的一项重要目标。通过全市上下共同努力，齐齐哈尔市将建成国内外知名的绿色食品生产基地和集散中心，成为享誉世界的绿色食品之都。

如今，“中国绿色食品之都”这块城市招牌，已是齐齐哈尔市最大的无形资产，数十家国内外闻名的食品加工企业纷纷抢位，金健米业、汇源果汁、雅士利奶粉等国内外知名企业和重点项目相继在此建立了生产加工基地，成为带动齐齐哈尔市现代农业和食品工业发展的重要力量。

“集团化”运营引领流通市场

齐齐哈尔绿色农业的推进，不但保护了黑土地的自然资源，而且保持了农业的可持续发展，增加了农产品市场的竞争力。经过近几年的发展，齐齐哈尔的玉米、大豆、水稻等粮食的年产量基本稳定在750万吨以上，粮食的商品率在70%以上，不但养育着本市的560万人口，每年还向国家提供500万吨以上的商品粮。

每年500余万吨的商品粮流出，使得齐齐哈尔市的粮食贸易企业如雨后春笋般纷纷涌现出来，粮食流通市场也呈现出一幅繁荣场面。

但是，得天独厚的粮食资源并没有让齐齐哈尔的粮食流通市场真正做大做强，表面繁荣的背后是粮食流通企业的各自为战、无序的恶性竞争、互相恶意杀价，最终导致的结果就是，宝贵的粮食资源白白地廉价外流，粮食的利润都被外埠加工企业挣走了，而齐齐哈尔市的粮食流通市场却依然矛盾重重、积弊丛生、一盘散沙。

为了彻底改变齐齐哈尔市粮食流通市场一盘散沙、混乱无序的局面，齐齐哈尔市粮食局积极响应黑龙江省粮食局提出的关于“组建一批特大型和大型粮食企业集团，开展粮食集约化、产业化经营，进一步促进全省粮食流通产业更好更快发展”的指示精神，从2009年初就开始谋划、运作组建粮食集团的工作。

2009年11月，经齐齐哈尔市政府批准，齐齐哈尔粮食集团（以下简称“齐粮集团”）正式挂牌运营。目前，齐粮集团销售数十亿，成为黑龙江省最大的国有粮食集团。

在经营策略上，齐齐哈尔粮食集团也提出了“四个转变”：即经营理念由贸易商向供应商转变，经营方式由传统向现代转变，贸易方式由以现货经营为主向现货与期货相结合转变，风险控制由被动型向主动型转变。

齐粮集团在整合了粮食贸易经营体系，把优势资源向龙头企业集中的基础上，抓住全省粮食企业产权制度改革的契机，果断整合了齐齐哈尔地区的粮食收储资源，扩张了集团收储体系，提升了齐粮集团在业内的“话语权”。

“齐市地区每年的粮食产量在700多万吨，商品粮每年也在500万吨以上，这是我们集团经营的基础条件。”齐齐哈尔粮食局局长王世夫说，“没有粮源，粮食集团就没有建立的意义。所以集团要在充分利用粮源优势的情况下，为送粮客户提供优质服务等措施，确保掌控相当数额的粮源，以保证集团经营有广阔的空间。”为了实现企业的长远发展，齐粮集团大力发展粮食精深加工业。通过吸收社会加工企业，改变集团没有加工企业的现状，使集团由经营型向加工型发展。

“组建粮食集团就相当于全市的粮食贸易企业攥紧了拳头，发力于一点，对绿色食品之都齐齐哈尔的粮食贸易流通起到了积极促进的作用。”王世夫说。

“钢铁侠”的绿色农业传奇

·闫 巍·

齐齐哈尔市素有“钢铁机械城”之称。近年来，齐齐哈尔市利用全国重要商品粮基地和畜牧业基地的资源优势，把发展绿色食品产业作为打造城市品牌、规划城市发展的重中之重，并将其列入建设农业强市计划，构筑出自己的绿色食品“加工车间”，取得世人瞩目的成绩。

从地图上看，中国的版图就像一只昂首高唱的雄鸡，黑龙江省位于雄鸡头部的位置，而靠近雄鸡眼睛的地方有一个城市，它就是齐齐哈尔。

位于嫩江之滨的齐齐哈尔市，古谓“卜奎”，又称“龙沙”，“齐齐哈尔”为达斡尔语，是“边疆”或“天然牧场”之意，是中国北部边陲的重要门户，是国家最早兴建的老工业基地和农牧业基地，因世界珍禽丹顶鹤在比邻市区的扎龙自然保护区栖息，使齐齐哈尔市享有“鹤城”的美誉。

新中国成立后，齐齐哈尔市逐步形成了以装备制造业为主、门类比较齐全的工业体系，同时以盛产豆麦种植作物和畜牧业称雄于世，是国家重要的商品粮基地和畜牧业基地，以“钢铁机械城，鱼米瓜果乡”闻名遐迩。

进入21世纪，齐齐哈尔这个古老而又焕发现代气息的大工业、大农业并重的城市，把发展绿色产业作为打造城市品牌、规划城市发展的重中之重，取得世人瞩目的成绩。这无疑是齐齐哈尔未来发展战略中最为精彩的手笔之一。

钢铁机械城

素有“钢铁机械城”之称的齐齐哈尔市，是一个开发潜力巨大的老工业基地。全市现有规模以上工业企业254户，总资产361亿元，已形成机械、冶金、化工、电力、轻工、纺织、建材、医药、造纸、食品等门类齐全的工业生产体系。

在齐齐哈尔，有被周总理誉为“国宝”的中国一重，它是我国重大技术装备制造行业排头兵企业，目前正在致力于打造世界最大的一流铸锻钢基地。另外，齐齐哈尔轨道交通装备有限公司是亚洲最大的铁路货车制造企业和世界铁路装备制造业500强企业。

2003年10月，中共中央、国务院发布《关于实施东北地区等老工业基地振兴战略的若干意见》，明确了实施振兴战略的指导思想、方针任务和政策措施。随着振兴战略实施，东北地区加快了发展步伐。

抓住国家实施振兴东北老工业基地战略的历史性机遇，齐齐哈尔从实际出发，确定了建设装备工业、绿色食品产业两大基地，全力推进工业企业信息化、工业产品品牌化、优势产业集群化、企业经营国际化、工业项目生态化，促进工业结构优化升级。

2004年以来，齐齐哈尔投资58.5亿元，实施技术改造项目316项，创新项目368项，"飞鹤"、"红光"和"北大仓"商标获得中国驰名商标，"齐一"、"齐二"牌系列机床产品获得国家名牌产品称号；投资175亿元，新建亿元以上项目45项，调整了产业结构，增强了工业整体实力。

"作为'哈大齐'工业走廊上重要一极的齐齐哈尔，到2020年我们要建设成为世界著名的装备制造业基地、全国著名的绿色食品产业基地和对俄贸易基地。"齐齐哈尔原市委书记、现市人大主任杨信满怀信心地说。

绿色产业独占鳌头

随着世界经济的发展，一场绿色变革浪潮正在席卷全球，人们的消费心理和消费行为也开始向崇尚自然、追求健康转变。发展绿色的无公害农业就成为我国农业走向世界的根本出路。

老工业基地齐齐哈尔，现在也在利用自身优势，寻求新的发展方向。

20世纪90年代初，农业部提出实施绿色食品工程，黑龙江省在全国率先开始打造寒地黑土特色农业。作为全国重要的商品粮基地和畜牧业基地，齐齐哈尔市政府做出了"打绿色牌，走特色路"的战略部署，把开发绿色食品作为推动农业和农村经济结构、推动全市经济发展和社会进步的重要举措来抓。

目前，全市有两个县通过国家级生态示范区验收，5个县（市）初步建成跨县域的生态示范区，8个县（市）、区获国家权威机构命名的15个"中国特产之乡"称号。

截至2009年底，全市绿色食品种植面积达845万亩，其中认证产品的基地种植面积达170万亩，国家绿色食品标准化原料基地面积为495万亩，绿色食品原料产量达600万吨，绿色食品畜禽饲养量已达1438.5万头。

如何将无公害的绿色食品推销出去，成为齐齐哈尔政府面对的问题。绿博会的成功举办，解决了政府和农民的后顾之忧。绿色博览会，是产品、技术、信息集散的平台，成为鹤城发展绿色经济的助推器。

2002年，齐齐哈尔被国家有关部门命名为"中国绿色食品之都"，成为全国唯一摘取"绿色食品之都"桂冠的城市。绿色食品产业发展，引领鹤城经济驶入发展的快车道，10年时间里，全市绿色食品实现总产值179.28亿元。

齐齐哈尔绿色产业的发展，也吸引了中国航天员中心的目光。

2008年，驾驶中国"神舟七号"遨游太空的3名航天员中，聂海胜和刘伯明都是齐齐哈尔人，一方水土养一方人，中国航天员中心看中了齐齐哈尔这片富饶、绿色、无公害的黑土地，经过和齐齐哈尔市政府的5次洽谈，达成了在齐齐哈尔市建设航天食品原料基地、航天科普基地、航天生物工程研发基地、航天食品检测基地的协议。

目前，齐齐哈尔市全面开展了航天中心食品供应基地的筛选工作。全市有191个村屯的108万亩耕地通过了预选，基地中生产初级农产品的能力达到60万吨。另外还有44个畜牧专业村屯入选为航天食用初级畜牧产品生产基地，畜禽饲养量为156万头(只)，占全市畜禽饲养量的2%左右。

构筑绿色“加工车间”

成为中国航天员中心食品供应基地，让齐齐哈尔人有了一个良好的开端，但是如何将生产出来的农产品变成高附加值的食品，齐齐哈尔人还需要再动一番心思。

“作为国家商品粮基地，长久以来都是我们向祖国各地输送原料。如何将原粮转变为具有更高附加值的食品，是我们发展的目标。”齐齐哈尔粮食局副局长曾庆启介绍。

依托优势资源，2006~2008年，齐齐哈尔市共争取农业开发项目165个，其中产业化经营项目50个；争取国家农发资金4.7亿元，争取项目资金额度相当于过去15年的总和，并且连续3年实现争取国家资金超亿元。

“扶强一个产业、带富一方农民、壮大一县财力”，是齐齐哈尔市农业开发的战略思想。目前，齐齐哈尔突出地域特点，进行区域布局，实施产业开发，初步形成了玉米、大豆、马铃薯、葵花、亚麻、乳品、猪禽、奶肉牛、绿色食品、特色作物种植等十大产业开发态势。齐齐哈尔每年围绕十大产业投入的资金都占到农业开发投入资金的80%以上。近几年来围绕米、豆、薯、葵花、亚麻、青贮等粮、经、饲作物，完成了农产品基地建设28.8万亩，通过综合治理、科学配套，加强了农业基础设施建设、改善了农业生产条件，实现了农业的高产稳产，为龙头企业提供了优质高效的生产原料。

从绿色食品推广种植再到加工销售，本着缺啥补啥的原则，齐齐哈尔市扶壮补强了农业产业链条中的簿弱环节，“一县一个优势主导产业”，初步形成具有农业开发特色的优势农产品产业链。同时，按照“扶龙头、建基地、带农户”的思路，以农产品加工和优势特色农产品基地建设为重点，采取投资参股、有偿无偿结合、无偿补助、财政贴息以及连续扶持等方式，集中力量扶持了一批经济社会效益好、带动力强的重点龙头企业骨干项目。

齐齐哈尔市瑞盛实业有限公司，成立于1992年，成立之初是一家固定资产仅为8万元的小香油厂，通过政府的扶持，资产增长上千万元，现在已经成为黑龙江省规模最大的绿色调味品基地，经过短短几年时间，就实现了跨越式的发展。

据统计，齐齐哈尔市近3年来农业开发产业化建设项目已经累计实现产值12.8亿元，利税1.1亿元。

齐粮集团：年轻的“巨无霸”

·闫 巍·

齐齐哈尔在把优势资源向龙头企业集中的基础上，抓住全省粮食企业产权制度改革的契机，果断整合了齐齐哈尔地区的粮食贸易经营体系与粮食收储资源，提升了齐粮集团在业内的贸易“话语权”。齐粮集团成为黑龙江西北部最大的集粮食收购、储存、加工、销售、运输为一体的国有控股粮食集团。

辽阔的松嫩平原上，有个美丽富饶的城市，丹顶鹤一代又一代在这里栖息繁衍。它不仅是国家重要的装备工业基地，更是国家重要的商品粮基地，它就是有着“绿色食品之都”美誉的齐齐哈尔市。

齐齐哈尔市主产玉米、大豆、水稻，粮食产量基本稳定在750万吨以上，约为全省的1/6，是全国20个重要的商品粮基地之一，素有“北国粮仓”之称。

如何利用好齐齐哈尔市优质的粮食资源，把粮食转化为财富，成了齐齐哈尔市粮食系统需要解决的问题。

2008年，齐齐哈尔市粮食局根据省粮食局关于“组建一批特大型和大型粮食企业集团，开展粮食集约化、产业化经营，进一步促进全省粮食流通产业更好更快发展”的指示精神，开始组建粮食集团，对全市国有粮食企业资产进行整合。

经齐齐哈尔市政府批准，2009年11月齐齐哈尔粮食集团正式挂牌运营。目前，齐粮集团销售数十亿，成为黑龙江省最大的国有粮食集团。

下岗的代名词

2009年11月16日，齐齐哈尔市国有粮食企业准备着真正意义上的“辞旧迎新”。黑龙江省粮食局副局长张赋为齐齐哈尔粮食集团揭牌，标志着齐齐哈尔粮食集团正式成立。

“齐粮集团是我省西北部最大的集粮食收购、储存、加工、销售、运输为一体的国有控股粮食集团。”齐齐哈尔粮食集团工作人员介绍，“目前，新集团已经运营一年多，有效地整合了全市粮食资源，发挥了优势，促进了齐齐哈尔地区的粮食经济发展。”和所有粮企职工一样，这位工作人员也希望集团能够更好地发展。

虽然为国家粮食安全作出了巨大贡献的国有粮企在新中国成立后也有“让人羡慕的几十年”。但这位工作人员表示，粮食改革后，粮食企业的效益普遍不是很好。

从1998年起，国家启动粮食流通体制改革，长期以来在体制内生存的国有粮企犹如断了奶的孩子，一时无法适应，陷入困境。“下岗分流职工是当时最迫切的事，因为企业已经不能负担了。”据这位工作人员称，当时齐齐哈尔市国有粮企共有职工6万余人，而到2005年底，这一数字已减至1.4万，支付分流成本数亿元。

从1998年起，齐齐哈尔首先对粮食部门的经营加工型企业进行改革，通过对这类企业实行股份制改造、整体出卖、解体等，使人员得到分流或实现身份的转变。在粮食购销企业的改革中，实行岗位设置、竞争上岗的用工制度，上岗者按其工作量，实行工效挂钩，未上岗者实行停岗或待岗，每月发一定的生活费。

企业的人少了，但总体经营状况并没能随之迅速好转。

在齐齐哈尔粮食局局长王世夫看来，当前的国有粮企无论是在管理上，还是经营上都保留着传统模式，甚至还带有很明显的行政管理模式。

王世夫认为，现代企业制度首先要做到产权明晰，而国有粮食企业非公非私的产权，不仅让职工没有责任意识，也使国有资产连年流失。其次，在企业管理者的任用和管理上，仍然采用行政管理模式。这种模式一方面会导致责任不明，另一方面无法聘用具有市场经验的职业管理者，无法提升企业管理水平。

为此，王世夫专程做了调研。发现的问题是：一是各地粮食产业结构不合理，精深加工、转化增值的能力不强；二是一业为主，多种经营、混业经营的经营格局尚未形成，非粮产业发展严重滞后；三是粮油产品还多为初级产品，科技含量低，附加值不高，缺乏市场竞争力。“粮食企业小、散、多的状况十分突出，可以说是势单力薄，一盘散沙，各自为政。”王世夫说。在他看来，整合全市国有粮企，组建齐齐哈尔粮食集团，已势在必行。

突破资金瓶颈

然而，整合全市国有粮企并非一帆风顺，一个现实的障碍是资金的制约。

据了解，齐齐哈尔粮食集团成立前，国有粮食企业总资产为41.6亿元，总负债为63.5亿元，资产负债率为152.6%，35亿元政策性亏损挂账剥离后，资产负债率仍达68.5%。即便如此，所有者权益也不到10亿元。

“企业的资产状况并不很理想，绝大部分国有粮食企业商业信用低，筹资十分困难。”王世夫在粮食改革工作会议上如是说，“如果不进行资产整合，扭转企业亏损局面，经过政策性亏损挂账剥离后开始好转的粮食企业国有资产又将变坏变呆，逐步消耗流失。”王世夫说，只有通过整合，把国有粮企的资产集中起来进行优化配置，才能推动国有粮企更好更快地向前发展。

通过这次整合，齐齐哈尔国有粮食企业的户数大幅度减少，建成集粮油购销、储存、加工、物流、基地建设和投资贸易于一体的大型国有粮食集团,实现齐齐哈尔国有粮企的资产逐步增值和扩张,真正成为黑龙江最大的粮食产业化龙头企业。

“四个转变”做强主业

粮食贸易是齐齐哈尔集团传统的主营业务,2005年以后,国家粮食出口政策调整,多元主体激烈竞争,使集团原有的经营优势不复存在。如何在经营上保持良好的发展态势和竞争优势?齐齐哈尔粮食集团整合了粮食贸易经营体系,在把优势资源向龙头企业集中的基础上,抓住全省粮食企业产权制度改革的契机,果断整合了齐齐哈尔地区的粮食收储资源,提升了齐粮集团在业内的“话语权”。

“齐市地区每年产粮700多万吨,商品粮每年也在500万吨以上,这是我们集团经营的基础条件。”王世夫说,没有粮源,粮食集团就没有建立的意义。所以集团要通过为送粮客户提供优质服务等措施,确保掌控相当数量的粮源,以保证集团经营有广阔的空间。

在经营策略上,齐齐哈尔粮食集团也提出了“四个转变”:即经营理念由贸易商向供应商转变,经营方式由传统向现代转变,贸易方式由以现货经营为主向现货与期货相结合转变,风险控制由被动型向主动型转变。

为了实现企业的长远发展,齐齐哈尔粮食集团大力发展粮食精深加工业。通过吸收社会加工企业的办法,改变集团没有加工企业的现状,使集团由经营型向加工型发展。

“由于我市根本没有大型规范的粮食交易市场,制约了产粮大市粮食产业的发展。”王世夫说。

在未来,齐齐哈尔将利用第一粮库500延长米临街主干道、部分场地和设施,通过争取国家项目资金和招商筹资、政府政策扶持等方式,筹建齐齐哈尔粮食交易批发市场,同时开展粮食铁路运输、粮食仓储和粮食期货、现货电子交易、交割业务。“粮食交易批发市场的建立对促进我市粮食流通具有更加重要的作用。”王世夫对粮食集团未来的发展充满了信心。

孙岩：

散户到庄家的转型

·闫 巍·

“能加入齐齐哈尔粮食集团，是我长久以来的愿望。”齐齐哈尔晟辉经贸有限公司董事长孙岩感叹道。作为商品粮输出基地的齐齐哈尔，从来不缺少从事粮食贸易的公司。在众多以粮食贸易为主业的公司中，孙岩的晟辉经贸公司无疑是其中最成功的一家。

“我从参加工作就在粮食系统，我为自己是粮食职工感到自豪和骄傲，我热爱粮食经营工作。”孙岩说。

初中毕业后的孙岩一直在市粮校校办工厂从事业务工作，刚毕业的孙岩没经验、没技术，在工作中并不占优势。“刚毕业时只能闷着头干，不懂的就追着师傅问，跟着师傅学。当时想的是搞好工作，在社会上立足。”孙岩回忆说。两年后，年轻的孙岩已经成长起来，拉客户、谈项目、签合同，孙岩已经成为校办工厂的业务骨干。

随着20世纪90年代粮改的加速，粮食市场也进一步放开，孙岩抓住有利时机，开办了自己的公司。“下海经商后，我依然选择粮食行业，一是我在粮食系统待了很多年，有了一定的经验，再就是考虑到齐齐哈尔是粮食大市，有许多优质粮源，要把这些粮食拉到南方去卖，应该能赚很多钱。”孙岩回忆称。

晟辉经贸有限公司成立初期人员少、资金少。在经营发展的过程中，晟辉经贸公司不断壮大，现在已形成了具有一定规模的收购、烘干、储存、运输和稳定的客户群体的“一条龙”业务体系。

2009年，晟辉经贸有限公司发出粮食1400车，经营量8.4万吨，销售金额1.3亿元，主要销往华东、华南、华中、西南地区的大型国家储备库、饲料加工企业和养殖企业。

“正是因为秉承粮食系统‘信者立行’的传统，公司才能不断壮大，也正是因为我们坚信‘合作共赢’的理念，齐齐哈尔粮食集团成立时，公司才能成为其中的一员。”孙岩感慨道。

2009年11月，经齐齐哈尔市政府批准，齐齐哈尔粮食集团正式挂牌运营。目前，齐粮集团已经形成销售数十亿的产业集团，成为黑龙江省最大的国有粮食集团。

齐齐哈尔粮食集团的成立改变了以往粮食流通企业各自为战、无序竞争、恶意杀价的现象，使得齐齐哈尔粮食企业攥紧拳头一致对外。而作为粮食集团成员单位的晟辉经贸有限公司的董事长孙岩，也进入了齐齐哈尔粮食集团的领导层。

“说实话，我真的没有想到，因为与集团各成员单位相比，我们公司目前还处于发展阶段，希望能依靠集团的力量更好地开拓发展好公司的业务。”孙岩称。

进入齐齐哈尔粮食集团后，孙岩把自己手中粮源资源、客户资源完全进行了共享，“只有资源共享，粮食集团才有生命力”。

经过各个成员单位共同合作，齐齐哈尔粮食集团在经营过程中不断发挥出粮源优势、管理优势和资金优势。2010年，齐齐哈尔市粮食集团与四川某大型食品集团签订了13万吨玉米购销合同，粮食集团成员之间以大带小，以强带弱，在统一价格一致对外的基础上，各成员单位分别发挥以往铁路发车优势、粮源收购优势和银行贷款优势，调动粮食集团和子公司的积极性，使合同的履约进行得十分顺利，而这在粮食集团成立之前是根本做不到的。

“这单合同我们也赚了不少，以前，我们自己做不了这么大的生意。”孙岩说，“打个比喻，集团成立之前，我们就好像是散户，而现在我们则是庄家。”对于接下来的发展，孙岩也有自己的想法，公司要继续坚持“信者立行、合作共赢”的经营理念，本着互惠互利、共同发展的原则，广结客户，在经营中发展，在发展中壮大，为集团的发展作出应有的贡献。

Part 10

陕西横山

榆林市绿源有机农产品公司
富士水稻机械化生产专业合作社
响水镇
G210
党岔镇
马铃薯
横山县
殿市镇
陕西省横山进出口有限公司
横山县银州综合服务有限公司
水稻
韩岔水库
武镇镇
S204
塔湾镇
小米
大名绿豆
艾好峁
高镇镇
白绒山羊
G307
双城
石湾镇

横山：
陕北“杂粮王国”

•徐文正•

悠悠无定河，郁郁芦河川，滔滔大理河……横山，像镶嵌在毛乌素沙漠南缘的一颗宝珠，在广阔浑厚的黄土高原上熠熠生辉。

近年来，横山县立足特色农业，着力打造区域特色。重点培植陕北白绒山羊、大明绿豆、小杂粮“三朵金花”，突出抓好羊、豆、稻三大基地建设。以大明绿豆为代表的杂粮产业更是全国闻名，成为横山县农业发展的一张靓丽名片。

横山，位于陕西省北部，榆林市中部偏西，黄土高原北端，毛乌素沙漠南缘。悠悠无定河，郁郁芦河川，滔滔大理河……横山，像镶嵌在毛乌素沙漠南缘的一颗宝珠，在广阔浑厚的黄土高原上熠熠生辉。

横山县历史源远流长。北魏置岩绿县，唐为朔方县，明置怀远堡，清雍正九年(1731年)置怀远县。后因与安徽省怀远县重名，民国三年(1914年)，遂依境内横山山脉主峰而名之，改怀远县为横山县。横山县历史悠久，文化遗迹到处可见。高镇油房头村旧石器遗址依稀可见，秦直道、明长城遗址风骨犹存，明末农民起义领袖李自成故里至今保存完好。

横山县是革命老区，毛泽东等老一辈无产阶级革命家曾经在这里生活、战斗过。在这里，勇敢的横山人民擎起革命的大旗，建立了陕北第一个红色政权——赤源县苏维埃政府；在这里，一曲《横山里下来些游击队》唱响了苏区，红遍了大江南北；在这里，先后有481位英烈献出了宝贵生命，涌现出曹动之、张东皎、高鹏飞、鲁卉等一批革命先烈；在这里，1946年10月13日，国民党将领胡景铎发动的横山武装起义，轰动塞上，震撼西北，影响全国。

横山县矿产资源丰富，地处陕北能源化工基地的腹地，是国家能源化工基地建设及西气东输、西煤东运、西电东送的主要组成部分。目前榆林市已发现的各类矿产资源，横山样样都有，煤炭、石油、天然气、岩盐等多种重要资源组合匹配一身。但是提到横山，大家首先想到的还是以大明绿豆为代表的小杂粮产业。

近年来，横山县打破传统农业结构的束缚，积极转变农业发展方式，着力打造特色农业。重点培植陕北白绒山羊、大明绿豆、小杂粮“三朵金花”，突出抓好羊、豆、稻三大基地建设。提出了以打造现代农业科技示范区为龙头，以发展特色农业、四季农业为重点的大农业发展规划。

小杂粮畅销全国

横山地处大陆深部，属温带大陆性季风半旱草原气候，春季干旱秋季涝，风沙霜冻加冰雹，无霜期短温差大，日照充足降雨少。独特的气候，造就了横山闻名全国的小杂粮产业。

横山县农作物以小麦、谷子、糜子、玉米、洋芋、豆类、稻谷为主，无污染，无公害，品质优良。尤其是大明绿豆，乃天然绿色保健食品，国内外享有盛名；小米色正味爽，素有“小人参”之称；稻米白亮细润，名冠塞北……说起横山小杂粮，就不得不提大明绿豆。大明绿豆是横山县传统的名优豆类品种，素有“绿色珍珠”之称。

近年来，横山县依托当地独特的自然资源，积极开展绿豆产业化开发，生产出的优质大明绿豆获得我国农产品地理标志认证，被日本指定为进口免检产品，年出口量一直稳定在1万~2万吨左右，年均创汇千万美元以上。

走进陕西省农业龙头企业之一的横山县进出口公司，加工车间异常繁忙，工人三班倒，机器高速运转，正将收购上来的大明绿豆经过筛选加工，分装成袋，销往海外。

作为中国食品进出口商会会员单位的横山进出口公司，多年来，主要的经营业务就是绿豆出口，并且稳居我国西北5省内县级外贸企业创汇大户之首。为了保障绿豆的品牌和规模，横山县通过不断选育名优品种，大面积推广新技术，积极发展“公司+基地+农户”的产业化经营模式，提高产量，扩大规模。

横山进行的大明绿豆地膜标准化生产，年种植面积一直稳定在20万亩以上，年产1.5万吨，年出口日本、东南亚等国1.2万吨，出口率达到80%，占到全国绿豆出口总量的10%以上，每年可以实现创汇收入1500万美元。

除了大明绿豆，横山的稻米也是一种代表性的农产品。每当秋天来临，横山县无定河水稻生产基地里，随风摇曳的稻穗，金灿灿、沉甸甸，煞是惹人喜爱。

横山是陕北水稻优生区，生产的大米粒实饱满，色泽油润，其米饭晶莹、饱满滋润、清香溢碗、味美可口。如今，横山大米已经可以与宁夏大米相媲美，“横山大米冠塞北”已成佳话。

横山县水稻年播种面积在7万亩以上，主要分布在无定河、芦河流域下湿盐碱地。此区域水资源丰富，光照资源充足、昼夜温差大，有利于水稻生产发育和干物质积累，易获高产。横山县也已经成为陕北最大的水稻生产基地县。

为了提高品质，每年县里都有不少于300万元的投资，用来引进机械化设备，动员群众以土地入股，增加资金和科技要素投入，破解陕北水稻机械化生产难题，走出了一条规模化种植、产业化经营的新路子。特别是水稻早播早育稀植综合配套技术的推广应用，使水稻生产步入了规范化、标准化轨道，让大片大片的水稻结出累累果实。

横山农民在小杂粮的生产中,尝到了品牌农业带来的实实在在的甜头。横山银州综合服务公司负责人介绍,该公司瞄准大超市,将18种小杂粮全部分装,开发出以横山小米、精制大米、大明绿豆为主的"银鱼牌"长寿富贵粥料畅销北京、西安、四川等地,带动基地种植户8000户,基地种植规模突破2万亩,户均加工销售杂粮750公斤,带来纯收入上万元。

截至2009年底,全县完成大明绿豆、大米、小米等10大类16个品种无公害农产品产地认证;50余家"农"字头企业和经济合作组织生产的特色杂粮农副产品进军全国,出口海外,实现农业增加值7.2亿元,杂粮产业成为了横山县现代农业发展中一张靓丽的名片。

欢欢喜喜"发羊财"

2010年6月3日,国家质监总局正式公布"横山羊肉"为全国地理标志保护产品。

其实,横山县在2009年6月7日就成立了横山羊肉地理标志产品保护申报工作领导小组,专门负责具体申报工作。并且在当年,"横山羊肉"被国家质监总局公示为"全国地理标志保护产品",中国社科院授予横山"中国百县(区)优势特色陕北白绒山羊生产基地"称号。

"横山羊肉"具有肉质鲜嫩、肥瘦相间、高蛋白、低脂肪、无膻味以及香味浓郁、风味独特的优点,在羊肉中独具特色,被誉为"肉中之人参"。1947年,毛主席在转战陕北时,曾住在横山县魏家楼乡,当吃了当地的炖羊肉之后赞不绝口:"哦!横山羊肉真好吃咪!"

为了巩固陕北白绒山羊品牌,横山县狠抓基地建设,县里确立了以北部风沙草滩区6个乡镇160个行政村为主,打造陕北白绒山羊良种扩繁基地,新建养羊示范村38个、人工授精站38个,新增人工种草20万亩,使白绒山羊饲养量达到144万只,户均40只以上。

规模化养殖,不仅强化了当地的羊品牌,还给农民带来了实实在在的好处。双城乡王梁村养羊户刘意如高兴得双眼眯成了一条缝,他的羊在出栏时,通过订单收购的模式以高出市场价20%的价格卖出,每只能净赚600多元。2009年10月份前,他就有上万元的票票揣进了腰包里。

该村采取集体投资为主、群众集资为辅的办法建成了羊肉深加工厂,年生产能力500吨。生产线投产以来,公司技术人员指导养羊户规范化饲养,订单收购,每只羊从出栏到"走"下生产线就可平均净赚800元。

截至2010年3月底,该村已有14万元进账,专业户户均收入2万元,都成为了横山县羊中王集团和羊肉深加工厂的签约供货商。生产的"香草原"、"双城羊肉香"等品牌产品颇受消费者青睐。横山县养羊专业户尝到实实在在"发羊财"的甜头,尽情享受着增收带来的喜悦。

多年来，“横山羊肉”以其独特的肉质、丰富的营养价值和显著的保健功能深受人们的喜爱，“横山羊肉”系列产品驰名海内外，已成为横山人民增收的重要渠道和迎宾待客的主餐及送礼佳品。

生态农业重装上阵

为将富集的农业资源优势转化为经济优势，从2007年起，横山县着力建设生态农业示范区，用示范区里创出的现代农业成功经验指导、辐射和带动全县农业大发展。

横山县生态农业区位于204省道横山段以南、韭殿公路以北、横子公路以东的丘陵沟壑地区，涉及3个乡镇19个行政村12484人，规划建设面积126.5平方公里，估算总投资6760.15万元。

按照榆林市“一乡一业，一村一品”的策略，横山县根据自然环境差异，因地制宜地在北部风沙草滩区重点布局羊产业、在中部川水区重点发展现代农业、在南部山岭沟壑区实施“一村一品”行动，宜农则农，宜牧则牧，宜工则工；集中壮大马铃薯、双膜玉米、白绒山羊、大漠蔬菜等6大特色产业和榆林红枣、大明绿豆等9大特色品牌，全力建设生态农业、生态畜牧业、生态水利等体系。

2007年，横山县组织相关部门专门到绥德、靖边、吴起等兄弟县考察，学习他们生态农业发展的先进经验，后又经农业专家和学者广泛调研论证后，横山县也制定了自己发展生态农业的项目规划，并与当年启动了项目建设。

按照“政府统筹、资金捆绑、部门联动、连片开发”的建设思路，示范区以基础设施为突破口，山、水、田、林、路综合治理，产业开发与生态建设并举，项目集中投放，区域板块开发推进，力争数年后形成沟道治理坝系化、陡坡洼林草化、缓坡梯田节水化、庭院窖灌沼气化、致富项目产业化的“五化”治理模式，实现示范区生产发展、生态良好、社会和谐、农民富裕的目标。

2010年8月，位于横山县雷龙湾乡哈兔湾村的龙腾公司的循环农业科技示范园挂牌仪式隆重举行，标志着横山县首家循环农业科技示范园正式建成。无公害生物农药技术、无土栽培、有机复合肥的综合利用，可保护土地原有的生态不遭破坏。采用国际上“微灌”节水技术，改变农民“中灌”、“漫灌”导致肥土流失、土壤板结不利于蔬菜生长的传统方法。以沼气工程为纽带，将项目区内的种植业、养殖业和服务业有机地结合起来，形成一个统一、协调、高效的生态系统。

该示范园区占地3200亩，总投资4亿元。园区内由肉鸡养殖场、工厂化养猪场、肉产品加工厂、饲料加工厂、肥料加工厂等11个分项目组成。园区通过农业高新技术示范，以多种模式辐射带动周边地区相应产业的迅速发展。随着各产业链的外延扩大，可形成鸡、猪、牛、羊、鱼—沼气—有机化肥—有机作物种植—产品加工—市场销售为一体的产业化运作方式。

园区建成后，将向市场提供大量的优质禽畜产品、无公害绿色蔬菜。以“行业公司”为龙头，“内”连接产地农民组织生产，“外”通过实施联合捆绑、统一品牌、联合促销等战略，引导畜牧养殖业、蔬菜种植业快速走上“产地布局科学、品种结构合理、生产有序、产品均衡上市、有效供给增强”的良性发展轨道。

截至2009年底，全县生态农业示范区累计完成投资1946万元。先后造林13200亩，人工种草3000亩；新修宽幅梯田6700亩，推广地膜种植7200亩。农民人均纯收入达到4500元，农民生产生活条件和水平稳步快速提高，给黄土地上增添了一道道亮丽的风景线。

解构横山杂粮产业

·徐文正·

陕西省横山县小杂粮种类繁多,品质优良,富含多种营养,既是传统食粮,又是现代保健佳品,尤其大明绿豆是其拳头产品,在杂粮的出口中占有举足轻重的地位。追问横山杂粮产业腾飞的内因,与三大关键词息息相关:科技、专业组织和政策支持。

"只要是全国有的杂粮品种,我们横山这里都有。"陕西省横山县粮食局前任老局长的一句话道出了横山县杂粮产业的突出特点。在横山县,身边总能看到正在成熟中的杂粮品种,马铃薯、水稻、绿豆、黑豆、杂豆、豇豆、小米、糜谷等不断映入眼帘。

横山县小杂粮种类繁多,品质优良,富含多种营养,既是传统食粮,又是现代保健佳品,尤其大明绿豆是其拳头产品,在杂粮的出口中占有举足轻重的地位。追问横山杂粮产业腾飞的内因,横山县副县长张向东给了三个词:科技、专业组织和政策支持。

科技先行

邓小平同志曾经说过,科学技术是生产力,而且是第一生产力。科技的运用将会对各个行业的发展产生极大的促进,农业也不例外。横山县的农业发展,尤其是杂粮产业,科技在其中扮演了重要的角色。

马铃薯是横山的一个农作物品种,但是长期以来品种退化严重。为了解决这个难题,横山县农业局多次向榆林市农技中心、农科所咨询,通过创新和改进育种技术,全县共安排各类粮食作物、瓜类、蔬菜、水果品种试验及新技术研究8大类、72个品种。同时,积极投入资金引进脱毒紫花白原种、紫花白原种、无花原种,租地集中扩繁洋芋良种百亩,来满足下年用种。科学先进的育种,从根本上解决了全县的洋芋及其他杂粮品种的退化问题。

利用科学的种植方式,开展万亩高产示范基地建设,是横山县利用先进科技的又一成功尝试。

在艾好峁和波罗镇朱家沟村,横山县示范种植了300亩全覆膜玉米双垄沟试验,整个过程实行统一供种、供肥、供膜,统一耕翻、覆膜、播种;在石马洼二道峁蔬菜农场和高新技术示范区，建立蔬菜示范田120亩，推广无土栽培蔬菜种植18棚；在李界沟、吴家沟等村推广粮、瓜、菜间作套种立体高效农业模式300多亩。科学的种植，为全县带来了良好的经济效益。

而在横山镇石窑则，建设了百亩陕北小杂粮示范园；在响水镇驮燕沟村新建千亩水稻生产示范园；在横山镇、殿市镇等5个乡镇种植大豆一万多亩，其中高产示范样板1000亩；开展的万亩大明绿豆高产示范基地建设中，示范样板田达2200亩。万亩高产示范基地建设，实行了杂粮的规模种植，机械化作业。

强化知识培训，着力培育新型农民。横山县认真组织实施"科技入户工程"，深入开展"送科技下乡、促农民增收"活动，组织科技人员把最新科技成果，特别是对农业结构调整和农民增收有较大推动作用的实用技术推广应用到农业生产和加工领域。

横山县科技、农业等部门与移动、联通、电信等企业合作，加强农业科技信息服务。利用建成的196个村级农业信息综合服务站，向农民朋友发送各种有价值的农业服务信息，为农民解决产前、产中、产后疑难问题；县气象局则利用网络、电子屏、电话发布气象服务信息，为农业生产服务。农业科技的广泛应用，促进了横山县羊、薯产业的迅猛发展和豆、稻产业的增产增收。

专业组织护航

发展现代农业，专业的组织是其重要的基础。横山在发展杂粮产业过程中，各种类型协会的出现，对其健康发展起到了重要的指引作用。

横山农民专业合作组织建设起步早、发展快，在2005年数量已经占到全市总量的20%，较大的如李界沟绿园蔬菜合作社、响水富士水稻合作社、黑河奶牛合作社等。其中横山县富士专业合作社的机械化种植更上规模。从育秧、整地、插秧、植保、收获5个环节入手，推广全程机械化种植，收获采用的是联合收割机，集收割、脱粒、分离、精选、集粮等工序于一体，极大地提高了生产效率，减轻了农民的劳动强度。

同时，县政府大力支持和发展民办科技协会、农业专业协会和专业合作经济组织；加强与西北农林科技大学、横山县职教中心、农技推广部门之间的横向联合，拓宽科技下乡的渠道，加速科技成果转化；注重发挥各层次、各类型农技推广服务组织的作用，建立"企业+基地+农户+科技"多方合作机制，形成"企业建基地，基地连农户，农户靠科技"的现代农业运作模式。

在经营形式上，横山县积极培训和发展农业技术、农产品的中介组织和经纪人，发展种养专业大户、农民专业合作组织、龙头企业和集体经济组织等各类适应现代农业发展要求的经营主体。

目前，全县已经形成了"公司+基地+农户"、"协会+农户"等多种合作形式，建成了养羊协会、大明绿豆协会、蔬菜、洋芋协会等多家协会组织，农民在协会的扶持和引导下，收入大幅提高。农业龙头企业、各种专业合作社、农民专业协会的涌现，突破了家庭分散经营的局限性，提升了传统农业的市场化、专业化、产业化水平。

政策扶持

横山县各涉农部门充分发挥自身优势，通过政策扶持、典型引路、科技示范等方式服务农业生产，发展高效农业，做大做强具有横山特色的杂粮产业。

在杂粮生产上，农业局负责人和科技专家深入田间地头、蹲点包抓示范田、高产样板田和特色农业试验田种植；县种子管理站引进洋芋、水稻、玉米、瓜菜的35个新品种免费发放给农民；农技站新建水稻、小杂粮、绿豆、杂果、大棚蔬菜5个科技示范园，大力推广科技种植新技术；县农发办积极破解农业生产融资难题；农发行在年初通过走访涉农部门，对需要支持的农业项目进行资金扶持；县气象部门利用雷达密切监视天气变化，随时发布天气信息……在补贴项目的实施过程中，横山县委、县政府积极督促，专门建立办理大厅，集申请审批、收费、登记于一体，简化了办理程序，并且对于小型机具的补贴，经企业委托，代收差价款，申请、交款、取货一次完成，减少了群众直接到企业取货的费用。

目前，2010年横山县380万元补贴农机购置工作有序启动，并一一落实到位，补贴农业机械涉及11大类28个小类76个品目2000多种产品。

科技的普遍应用、专业组织的不断涌现，加上横山县各个相关部门的通力合作和政策扶持，这些已经成为横山县杂粮产业腾飞的助力器和做大做强的后劲支撑。

横山进出口公司：打造大明绿豆“环球梦”

·徐文正·

通过实施名牌战略，横山进出口公司走出了国际化、多元化、集团化可持续发展的路子，让大明绿豆不但占据了日本25%的市场份额，还远销美国、英国和我国台湾等国家和地区。横山大明绿豆成就了横山进出口公司，而进出口公司则使得大明绿豆走出国门、蜚声海外。

说到横山县的杂粮产业，让人首先想到的就是大明绿豆；谈到大明绿豆，那就不得不提陕西省横山进出口有限责任公司。

依托品质优良的农产品——大明绿豆，横山进出口公司积极探索完善“公司+协会+农户”的经营模式，并且围绕海外市场做文章，走出了一条农民增收、企业创汇的双赢格局。

2009年，公司实现出口创汇1145万美元，大明绿豆除了占日本市场的25%份额外，还远销美国、英国和我国台湾等国家和地区。可以这样说，横山大明绿豆成就了横山进出口公司，而进出口公司则使大明绿豆走出国门、蜚声海外。

强企之路

中国有句俗语：“火车跑得快，全凭车头带。”如果把这一句话套用在横山进出口公司的发展上，那就是“公司发展快，全靠姚总爱。”而这种“爱”，里面包含的是对市场的敏锐洞察、果敢的决策魄力、唯才是用的管理艺术和诚实守信的企业经营理念。就在这种爱的呵护下，横山进出口公司走出了坚实的成长轨迹，绿豆出口不断做强，让一颗颗小绿豆变成了大效益。

1993年，姚广龙被推选为横山县外贸公司总经理。这位军人出身的陕北汉子像走进战场一样走向商场，他的第一个意识就是要“变”，思想要变、观念要变、制度要变、经营模式要变，再不能沿袭以前的那种体制。

姚广龙深深地知道要使绿豆产业焕发出勃勃生机，必须要从源头上做起，跳出计划经济的圈子，学习沿海地区先进的市场模式，自己走出去找市场。然而要实现这一计划谈何容易，第一个拦路虎就是必须获得进出口资格。面对困难，姚广龙没有气馁，他准备好各种资料，带着一个美丽的梦想多次“千里走单骑”到国家外经贸部。功夫不负有心人,1996年,横山进出口公司成功获得了自营权。

有了自营权就有了走进市场的通行证,在接下来的3年里,他广泛了解市场需求,建立稳固的营销网络,一直把生意做到台湾、日本、韩国等地,他创出的"大明"绿豆品牌誉满海外。

1999年8月,他顺应市场需要再次大胆改革,将外贸公司改制为陕西省横山进出口有限责任公司,使企业完成了成蛹—破茧—化蝶的美丽蜕变。

目前,大明绿豆除在日本市场占25%的份额外,还畅销韩国、美国、英国和我国台湾等国家和地区。2009年,公司收购大明绿豆15000吨,出口创汇1145万美元。近5年来,累计创汇6000多万美元。

近年来,公司每年的出口创汇都在1000万美元左右,占到榆林市农副产品出口创汇的90%以上,是陕西省农产品出口的1/5,一直占据着西北5省(区)县级外贸企业第一创汇大户的位子,走出了一条管理与效益并重的强企之路。今年春,横山进出口公司与横山县人民政府合作,种植地膜绿豆两万亩,通过绿豆种植协会进行物资供应、合同收购,共建立订单生产基地36000亩,其中大明绿豆"双沟"覆膜栽培10000亩,合同种植农户达到6800多户。

在姚广龙的引领下,公司努力做大做强绿豆出口这一主导产业,通过实施名牌战略,走出了国际化、多元化、集团化可持续发展的路子,让颗颗小绿豆漂洋过海,走上了国际大舞台。

品牌助力

"树企业品牌意识,走持续发展之路。"这是姚广龙常说的一句话,在激烈的市场竞争中,品牌是一个企业生死存亡的关键。而品牌的打造靠的是质量。

种植技术落后,使得横山县绿豆产业品种退化,产量品质下降,农民的种植效益降低,绿豆种植面积不断减少。针对这一问题,横山进出口公司全力引导和鼓励农民种植适销对路的优良品种。

2010年春天,公司将精选加工后的大明绿豆发放给示范乡镇、村,提供播种机、开沟器、覆膜机等农机具,并由技术部门向农户无偿提供绿豆的种植、管理和收获等环节的技术指导。为方便农民秋收后卖豆方便,公司在榆林全市设立了20个收购点,实现种豆农民家门前就能得到实惠。

为了适应新形势下绿豆产业科技化、标准化、安全化、社会化生产的需要,公司以市场为导向,以技术为核心,紧密与农业、科技部门合作,建立科技服务机制,邀请农技人员在绿豆主要生产季节,对农民朋友进行技术咨询、培训,及时推广绿豆"双沟覆膜"种植技术、无公害生产、病虫防治等技术。同时,从种植、田间管理,到收获的每个环节,都有技术人员在示范指导和巡回检查,严把质量关,为提高绿豆产品的品质和收购好的原料提供了有力保证。

近年来，公司共举办各类技术培训班3期，培训人数达1万余人(次)，印发资料两万多份，大大地提高了农民的种植技能和绿豆生产的科技含量。

由于出口产品对质量要求苛刻，公司先后投资860多万元，从日本、台湾引进粮谷精选设备，以提高产品质量。并分别在国内和日本注册了横山大明绿豆“HENGSHAN”商标和吉林洮南大明绿豆“TAONAN”商标，形成品牌优势。

为进一步提高农产品科技含量，扶持绿豆实现产业化，横山进出口公司积极完善“公司+协会+农户”的经营模式，逐步建立了科学的利益分割和行为规范机制，与生产示范乡镇或村委会签订大明绿豆保护价收购合同，明确规定双方的权利和义务，确保原料质量。

这样，既使绿豆产业形成一定规模，产品质量不断提高，又能使农民增收，解除了农民种植绿豆的后顾之忧，给农户吃了“定心丸”，使“公司+协会+农户”这一经营模式深深植根于广大民众之中，企业与农民建立了互信机制，实现了企业和农民的“双赢”。

创新蓄力

随着国内企业自营进出口权的下放，全球经济一体化的发展趋势对进出口行业参与国际市场竞争提出更高的要求。在日趋激烈的市场竞争中，如何使产品抢占商机，赢得更进一步发展？答案只有一个——创新。

改进服务方式。公司销售人员对所有客户实行分户管理，建立档案，专户专管，每人负责2~3户，主动联系，加强沟通，及时反馈需方要求，树立“客户的需求就是我们的追求”的服务宗旨；对新客户实行首问负责制，迅速掌握对方相关信息，提供公司资料及样品，跟踪服务，不失去任何一个可能合作的机会；对所有销售人员实行责任追究制，要求他们有严谨、细致、耐心的工作态度，严防出现误船、缺货、延误结汇等工作失误，否则，一律实行经济处罚并进行书面通报。

强化管理，提高企业竞争力。公司提出以经营管理、质量管理、财务管理为中心的新思路，以提高经济效益为主线，通过强化管理、堵塞漏洞、严控成本、树立品牌，不断研究探索机制创新，构建规范、合理、高效、有序的管理体系。

进行人事制度改革。按照精简、干练、高效的原则，对所有部门、办事处工作人员实行竞争上岗，优化组合，面向社会招聘公司急需人才。目前，公司基本上形成了良好的用人机制和人才激励机制，极大地增强了广大干部职工的主人翁意识。

“扩大市场，提升地方特色农产品价值；立足农业产业求发展，努力提高农产品加工的精度和深度，有效延长农产品的产业链条；继续密切与农民的联系，不断加强与农民的利益联结，积极发展农产品订单生产、订单收购，带动我市农产品产业的发展。”对于将来的发展思路，公司一位负责人郑营如此表述。

艾绍顺：
会计出身的杂粮企业家

•徐文正•

在横山，问起当地的杂粮加工企业，很多人会给你提到一家颇具特色的公司——榆林市绿源有机农产品有限公司，而艾绍顺就是这家公司的董事长兼总经理。

经过几年的打拼，艾绍顺已同国内多个大城市及日本、欧美等国际客商建立起了长期稳定的营销关系，使公司发展成为一家购、销、调、存、加工、贸易一条龙经营的综合性市级农业龙头企业，基本实现了生产专业化、种植区域化、经营一体化的产业新格局。

问起创业的最深感受，艾绍顺连着说了两个“不容易”。

结缘杂粮

见到艾绍顺是在吃饭的间隙。个子很高，身材稍显单薄，话不多，但两眼炯炯有神，神情气度温文尔雅……第一眼看上去，误以为是一位30来岁、搞行政工作的“要员”。而现实版的艾绍顺，已经过了不惑之年，很健谈，尤其是说到大明绿豆等横山县的杂粮产业之时，他就更显兴奋。

翻开艾绍顺的履历表，上面清晰地显示着中专文化。他1987年毕业于陕西省粮食学校，专业则是财会学。谈到他的专业和现在的工作，艾经理开起了玩笑：“我的专业和现在做的工作是既不沾亲，更不带故。”毕业之后，从陕北农村黄土地走出来的艾绍顺，凭着对故乡的热爱，回到了生他养他的家乡，在横山县粮油批发公司担任会计，开始了在以杂粮为主要业务的公司工作。

凭借着积极的工作态度，娴熟的专业技能，艾绍顺得到了领导的重视，先后晋升为公司副经理、经理等职务。

1996年，他更是坐上了公司总经理的交椅，从此，艾绍顺成了一个真正与杂粮为伍的公司掌舵人。

从此，靠着“以质量求生存、以效益求发展”的经营宗旨，他带领业务娴熟的管理团队，加上多年的粮食工作经验和擅长经营管理的才能，把公司带成了一家具有较强凝聚力和创新能力的当地颇具特色的杂粮企业。

质量立企

为了更好地适应市场发展和消费者的需求，艾绍顺要求严把质量关。2001年以来，公司先后投资60多万元，在党岔镇5个行政村开展绿豆基地建设，将原来一家一户松散的种植模式变为紧密的基地合作组织，按照专业化、协作化、联合化、集中化、企业化的要求把各个生产要素组织起来，实现公司从产前、产中、产后等多环节进行统一管理。

这种“产、供、销”一条龙的经营体制，不但减少了中间环节的费用，更为农民增加收入提供了有效途径，据统计，农民每年可以增加收入35万多元，户均增收1200多元。

除了种植上走专业化道路外，在原料收购这个关键环节里，他更是以“质量第一”为宗旨，严把收购质量关。通过采取“公司+基地+农户”的经营模式，开展订单农业，确保收购原料的质量。2009年共收购加工绿豆2700多吨，红小豆800多吨，其他杂粮300多吨。

由于严把质量关，公司精选优质大明绿豆、红小豆等杂粮生产的“夏洲”和“绿源”牌杂粮产品，远销日本、韩国等10多个国家和地区。除了积极开拓国外市场外，艾绍顺也没有放弃对国内市场的开发。2009年，公司分别与“中粮国际贸易有限公司河北分公司”和“上海益海国际贸易有限公司陕西分公司”签订了长期的代购协议，形成了国内外的营销网络，走出了一条杂粮产业发展的成功之路。

在艾绍顺的带领下，公司规模不断扩大，现已形成了绿豆、红小豆及芸豆等30多个小杂粮经营品种，年出口各种豆类2200多吨，创汇280万多美元，实现利税35万多元，成为购销、加工、贸易出口的综合性外向型经营企业。

“我们计划和天津天润公司合作，投资2000多万元，引进日本生产设备，在榆林市经济开发区投资建设杂粮食品加工厂，使杂粮向‘精、细、深’加工的方向发展。计划于2013年建成投产。”艾绍顺介绍着自己的更大理想。

Part 11

江西新干

三湖
赣
江西中利和粮油集团
赣中绿色粮油工业城
界埠乡
桃溪乡
新干县
江
江粮集团新干分公司
江西农圣食品有限公司
神政桥乡
七琴镇
城上乡
潭丘乡

新干：
赣江中游的“黄金”粮仓

·牛 尚 陈 亮·

位于赣江中游的新干，自古为赣粤交通重地，版图略似菱形，看似不利的地形，却被赣江“冲”出了一片平原，进而成为了粮食发展新天地。

五千年前的新干原始先民打造了农耕狩猎的石制工具，五千年后新干“稻米加工城”也早已起航。无论是民企，还是国企，都集中到“新干城南工业园”（粮油加工业园区）。

他们把本地主要粮食资源（稻米）的价值发挥到了极致，最后连谷壳发电后产生的谷壳灰都卖给了耐火材料企业。

新干位于江西省中部，赣江中游，自古为赣粤交通重地。如今，京九铁路、105国道公路和赣江呈“川”字形纵贯该县。该县历史悠久，是江西十八古县之一，自秦始皇26年（公元前221年）建县以来，在漫长的历史长河中，新干人民创造了灿烂的历史文明。

1989年大洋洲镇发掘的商墓遗址被列为全国“七五”期间十大考古发现之一，被专家称为“长江中游的青铜王国”。

南北长52公里，东西宽42公里，新干县版图略似菱形，地势由东南向西北倾斜，东南、西南、东北为山地和丘陵，看似不利的地形，却被赣江“冲”出了一片平原，进而成为了粮食发展的新天地。

中国稻米加工强县

“我们县是一个传统农业县，耕地面积41.9万亩，其中水田38万亩，旱地3.9万亩，主产水稻，盛产柑橘、大豆、花生、油菜、芝麻。”新干县农业局副局长邹国强说，“我们还是国家商品粮基地县、全国水稻高产创建示范区、中国稻米加工强县、全国生猪调出大县、江西省畜牧十强县、江西省柑橘生产基地县。”新干素有“粮仓”之美称，早在春秋战国时代就建有规模宏大的粮仓，1985年被列为全国商品粮县，人均占有粮食1100公斤，现今更是江西的“黄金”粮仓。

2009年，新干实现了粮食生产连续六年递增，全年粮食种植面积83.6万亩，总产32.9万吨，其中水稻种植面积77.3万亩，总产31.3万吨。

“我县的粮食产业达到了种植规模化、技术集约化、经营产业化。”新干县县长刘毓名总结说。

新干健全了农业技术推广体系，在县、乡机构改革中，整合了农技推广队伍，并给予了全额财政拨款，进而保障了粮食生产科技含量的不断增加。组织实施粮食高产创建乡(镇、场)14个，每个乡镇建立了一个千亩以上连片高产创建核心示范区，带动一个万亩辐射区。

同时，县里出台奖励政策，创一个省级以上大米品牌，政府奖励1万元；创一个省级以上名牌产品，或创一个省级粮食加工龙头企业，奖励5万元。”就是在这样的有利政策支持下，经过多年的发展，2010年9月，新干县琴联米业、新绿科技、海珠米业、良豪米业、青苹园林、宏冠农庄6家企业通过了江西省农业产业化省级龙头企业公示。这也使得新干县省级农业龙头企业达到6家、市级龙头企业23家、县级龙头企业26家。

龙头企业的不断发展壮大有效地促进了农业增效、农民增收、农村发展。

江粮集团新干分公司等粮食加工龙头企业采取“公司+基地+农户”的运作模式来发展订单粮食和推广优质稻品种。

“大力培植‘公司十农户’、‘协会十农户’等流通组织形式，积极发展农民经纪人队伍，并且引导村干部、种养大户主动走出去跑销路、寻订单，进而促进粮食销售，建立了农经网信息平台，催生了30多个省外粮食直销窗口。”刘毓名强调说。

“绿色农业”高速起跳

据新干县统计资料显示，2009年全县农业总产值17.43亿元，农民人均纯收入5523元，较2008年增长8.1%。

虽然新干在农业上有无数的荣耀，但这并没有使其停下快速发展农业的势头，向现代农业进军成为其新目标。

2010年，中央连续第七年发布一号文件，进一步加大农业支持力度。同时，在鄱阳湖生态经济区建设被提升为国家战略后，新干又获得重大的发展机遇。因为新干是江西吉安市唯一进入生态经济区的县。

近日，江西省农业厅认定新干县为2010年省级现代农业示范区。据了解，示范区区域范围为新干全境，辖13个乡镇，其中核心示范区为金川镇、溧江乡、大洋洲镇、麦斜镇、神政桥乡五个乡镇，示范区主导产业为水稻、生猪、柑橘产业。

对此，刘毓名言简意赅地道出了远景目标：“要把新干打造为鄱阳湖生态经济区一颗有品位、有活力的璀璨明珠，这可以说是压力和机遇并存。”在压力和机遇之下，坚持要打造绿色农业产业的新干，早早地为“生态新干”而准备。

新干县高度重视绿色农业开发工作，建立健全财政支农资金稳定增长机制，每年安排财政预算农业发展特色资金100万元，用于扶持奖励规模生猪养殖、能繁母猪、无公害蔬菜、优质果业、无公害水产等农业特色产业。

各级政府加大了对农业的投入力度，为农业发展创造了良好的政策环境。县里出台了一系列奖励政策，对获得A、AA级绿色食品标志的，一次性分别奖励1万元和3万元；获得无公害农产品产地或产品标志的，县政府一次性奖励3000元。此外，新干县以调结构、促升级支撑新干“绿色农业”高速起跳。县委宣传部副部长刘海根介绍说：“我们通过完善上下对接、配套齐全的产业链，达到企业小循环、园区大循环，资源利用最大化，废物排放最小化，实现了生态农业加工园‘绿色制造’。”其中，江粮集团新干分公司刚刚投产的谷壳发电站年发电量可达4200万千瓦，基本上可以满足企业自身所需，而燃料就是企业每天产生的200吨谷壳。

据了解，在新干粮油食品工业城，通过引导企业升级转型，稻谷已可以衍生出10多种产品。“稻谷生产大米、米糠和谷壳，大米生产淀粉糖和粗蛋白；米糠生产出米糠油和米糠饼，而谷壳则用来发电，产生的灰做活性炭，可以说没有一处浪费。”江粮集团新干分公司负责人闵武林表示。

新干重点打好“绿色”牌、“有机”牌，在生态农业产业化链条中，全县农民增收8000多万元。

桃溪香菇合作社组织社员将橘树修剪下来的废枝条用机械轧碎，作为生产食用菌的原料。这是该县在转变农业发展方式、大力发展低碳循环农业、推进农业生产中废弃物的资源化利用的一个实例。如今，新干上规模的畜禽养殖场全部建立了沼气池，实现了“畜禽—沼气—果蔬”循环生产。

“其实，新干对传统农业产业进行了规划布局，并且形成了粮食、生猪、无公害果蔬、名优水产等一批特色农业产业基地。”刘海根介绍，依托“绿色农业”基地，孕育出以稻谷、生猪、中药材等为主的规模以上绿色农产品加工企业40多家，年销售收入15亿元以上，带动10万农民走上致富路。

“绿色低碳”已成为该县农业经济可持续发展的主色调和内生力。据统计，目前该县经国家认证的无公害产品（产地）42个，面积达1.5万亩；绿色食品标志6个，面积8000亩；有机产品（柑橘）1个，面积2717.51亩，无公害、绿色（有机）产品年产值达5亿元。

新征途　新目标

虽然，新干农业在各方面取得了骄人的成绩，但与我国许多的农业大县一样，当前其农业发展还存在着短板。

农业基础设施薄弱。虽然国家不断大加农业基础设施建设投入，但由于农业涉及面大，农业基础设施抗击自然灾害能力差。

农业结构不合理，主导品种优势不突出，特色产品不多，农业科技含量不高。

农业产业化程度不高。农业龙头企业产品品牌不突出，产品市场占有份额少，市场竞争压力大，带动农民增收也不明显。

农产品质量安全还有许多薄弱环节，农业标准化生产相对滞后。

所以，“十二五”期间，新干县把围绕保护自然资源与生态环境、提高农业综合生产能力和促进农民增收作为其农业发展的三大目标。据了解，“十二五”期间，新干粮食产量每年递增4%，到2015年，新干粮食总产量将稳定达到4亿公斤以上，商品粮供应可达77%以上。为此，新干将增加对农业科技的投入，建立政府支持农业科技的新机制。深化基层农技推广服务体系改革与建设，对基层农技推广服务站进行必要的设备、技术武装，改变现有的、落后的工作条件和技术手段，向现代化、信息化、网络化方向发展。

“同时，加大农业实用技术推广和培训力度，培养新型农民3万人，农村富余劳动力转移培训2万人，力争使科技进步对农业经济的贡献率达到65%以上。”该县有关人士表示。

以农业和农村经济监测预警、市场监管、市场与科技信息服务三大功能为主体，开发整合各类农业信息资源，加强农业综合信息服务平台建设，构建延伸到农村信息服务网络，建立功能齐全、体系完备、高效共享、反馈灵敏的农业信息体系。

所以，新干以此为基础定出新五年的目标：到2015年，粮油良种覆盖率达到96%以上，科技贡献率提高7个百分点。全县耕地有效灌溉面积达到85%以上，耕地质量逐步提高，改造中低产田10万亩，耕种收综合机械化水平提高85%以上。此外，新干还将依托现有的金佳谷物、良豪米业等大型粮油加工企业，引导企业投资建设粮油精深加工生产线，促进企业产品上档次，同时着重引进食品精加工企业，对大米进行深加工。

在让粮食综合生产能力稳步提高的同时，新干将进一步延长种养业产业链，农产品质量安全标准将大大提高。最终，新干将保护和调动农民发展农业的积极性、科技人员创新的积极性、地方政府抓粮油的积极性，从而提高土地产出率、资源利用率、劳动生产率，增强农业综合生产能力、抗风险能力、国际竞争力和可持续发展能力。

县域经济特色核动力

·牛 尚·

以稻为媒，用产业集群的理念重点扶持粮油加工产业，依靠龙头企业带动，新干着力打造华东地区最大的粮油加工集散地。目前，该县赣中绿色粮油食品工业城已在省内外形成影响，集群效应日益凸显，产业优势已经开始向经济优势与竞争优势转变，县域经济风生水起。

江西新干是全国商品粮生产基地县，粮食总产已连续几年增产，但新干还是将粮食生产作为农业之基去抓。

新干坚持了一个理念——以稻为媒，用产业集群的理念重点扶持粮油加工产业，依靠龙头企业带动，把新干打造成华东地区最大的粮油加工集散地。

稻米加工崛起

新干县从2001年开始着手推进国有粮食企业体制改革，到2005年底，改革基本完成。正是通过这5年间的两轮持续深化改革，有效地推动了新干国有粮食企业经营机制的转变。改制重组后，新公司逐步建立起生产、收购、储存、调销、加工等环节相连的综合管理体系，迸发出蓬勃的活力。

“可以说国有粮食企业改制直接催生了粮油工业城的创建。”新干县县长刘毓名点出了新干稻米加工城出现的真实背景。

2005年以前，新干县民间粮食加工企业有70多家，由于分散、规模小、市场竞争力差，对粮食生产的拉动十分有限。

为把粮食加工这一产业做强做大，2005年，新干按照产业集群发展的思路，在城南工业园区规划了1500亩土地，着力打造赣中绿色粮油食品工业城。随即成立产业促进办，吸引国家级农业龙头企业——江西金佳谷物有限公司投资1.39亿元在新干建立分公司，同时又及时组建粮食行业商会，吸引有一定实力的粮油加工企业进驻工业园区，并不断提升和扩大这些进驻企业的档次与规模。

新干良豪米业有限公司董事长陈保儿介绍，四年前，良豪米业还是一家小型粮油加工企业，日加工大米能力只有13吨。2005年，迁入赣中绿色粮油食品工业城后，建起了日加工优质大米200吨的生产线，产值实现1个亿。现在，虽然每天都是满负荷生产，但产品一直供不应求。

良豪米业的强势发展，是该县粮食加工产业整体崛起的一个缩影。目前，该县赣中绿色粮油食品工业城已在省内外形成影响，集群效应日益凸显，产业优势已经开始向经济优势与竞争优势转变。

新干粮食局副局长吴锦华介绍，目前，入城企业31家，其中金佳谷物新干分公司、中利和集团、良豪米业产值或投资超2亿元，正邦集团超7亿元，园区配套条件日益成熟，从新干县粮油食品工业的产业规模、龙头支撑和发展潜力来衡量，产业规模达15亿元以上，不仅每年可以消化本地原粮2亿多公斤，而且还吸引了周边县市的原粮大量涌进。

市场因素复杂多变，要想产业发展立于不败之地，就必须立足长远，谋划未来。

在海珠米业董事长邓库皮看来，目前市场上的米价基本与稻谷收购价持平，而新干县粮食加工企业还能赚到钱，是因为在稻米加工上有了产业链条，企业就地取材，降低了生产成本，更重要的是稻米在精深加工中提高了附加值。

目前，赣中绿色粮油食品工业城内逐渐形成了原粮—谷壳—发电—用于企业用电，原粮—米糠—米糠油—糠粕—饲料，原粮—碎米—米粉食品（淀粉糖浆）等几条产业链，经过深度加工，稻米附加值提升了2~3倍。

如今，新干县对稻米精深加工和副产品综合利用做出了更长远的规划：将充分利用粮油工业城内每年120万吨大米加工副产品资源，拟开发生产具有广阔市场前景的米糠营养素、米糠营养纤维、大米蛋白、多孔淀粉、米乳饮料、γ-氨基丁酸和米糠多糖等新产品，使稻米附加值通过精深加工提高3~5倍。

粮油食品工业城的产业集群效应凸显，处于初步形成并加速膨胀的阶段，对于新干经济的带动作用非常大。2009年，在金融危机大背景下，该工业城仍实现工业总产值40亿元，利税2亿元，同比增长20%。

也就是同一年，在江西省南昌县召开的“2009中国优质稻米交易会暨夏季稻米市场形势分析会”上，中国粮食行业协会授予江西新干“中国稻米加工强县”牌匾。

加速补短

“我县稻米加工业的确存在不少问题，其中最主要的也最迫切要解决的，还是初加工比例高、精深加工比例低，粮食低端产品多、高附加产品少，品牌效益、美誉度还不高的问题。”刘毓名点出了新干稻米加工的短板。

为此，新干县将从两个方面入手进行改进。一方面，坚持不懈地做好创建品牌工作，因为品牌是稻米加工企业的名片。“我县将积极扶持、鼓励企业创建品牌。对获得省级著名商标或名牌产品称号的稻米加工企业，县政府一次性奖励5万元；获得国家级驰名商标或名牌产品的，一次性奖励10万元；力争到2015年创国家名牌2个、省名牌3个、著名商标5个。"新干县委宣传部副部长刘海根表示。通过这一系列的激励措施,引导企业创新技术,生产高端深加工产品,延长产业链,提高综合效益。

另一方面,加快产业转型升级,促进粮油产业向高附加、低能耗、集约型转变。在壮大赣中绿色粮油食品工业城的同时,新干大力支持金佳谷物二期工程精深加工项目发展,在沂江务丰山规划建设占地2000亩的粮油食品生态工业园,重点发展以粮食深加工及副产品综合利用以及食品、饮料为主的粮油食品深加工项目,推动粮油食品产业纵深发展。

发展稻米加工产业需要大量资金投入,农发行新干县支行对该县粮食加工企业进行摸底,将符合信贷支持的企业纳入项目库进行培育。截至2010年9月末,该行对粮食加工企业累计发放贷款3.3亿元。

当前,稻米加工竞争越来越激烈,一些大型国有企业和外资企业的进入,进一步压缩了中小稻米加工企业的生存空间。为了能让新干稻米加工企业能生存得更好,并且越做越强,新干采取了大动作——让中小稻米加工企业抱团打天下。

"我县整合粮油城内7家粮油加工企业,共同组建了江西中利和粮油集团。该集团由一个母公司(江西中利和实业有限公司)、3个子公司(江西中利和物流有限公司、江西中利和农业开发有限公司、江西中利和粮食贸易有限公司)和7家粮食加工企业(幸福米业、港达米业、良豪米业、琴联米业、杨盛米业、海珠米业和皇城米业)组建而成,集团总资产2.5亿元,拥有日产150吨精制大米生产线12条,日处理100吨米糠油生产线2条,年加工粮食90余万吨,年物流量200万吨。"刘毓名介绍说。

江西中利和粮油集团的成立,标志着新干县粮油工业产业化水平又向前迈出了一大步,对于整体提升粮油产业发展水平具有重要意义。其作用主要体现在四个有利于:一是有利于优化粮油产业各资源要素的配置,增强综合效益;二是有利于提高粮油产业的集中度,发挥聚集效益;三是有利于延伸粮油产业的利益链条,增加价值增长环节;四是有利于提高市场竞争力,带动粮食生产,稳定和强化产销协作。

集群发展的准确定位,使新干粮食加工得到有效整合。但从市场的角度考虑,如果加工的稻米没有自已的品牌,终究是要被淘汰的。因此,新干县积极鼓励企业坚持走"产业化龙头带基地、标准化生产出精品、生态型产品创品牌"的绿色粮食发展之路。

"创一个省级以上大米品牌,政府奖励1万元;注册一个省级以上名牌产品,或创一个省级粮食加工龙头企业,政府奖励5万元。同时还成功争取中国绿色食品协会批准,使新干正式成为国家绿色农业示范县(基地)的创建单位。"刘海根列举了一些粮食加工的鼓励政策。

目前,新干粮食加工企业通过创品牌战略,已有国家级农业产业化龙头企业1家、省级农业产业化龙头企业2家、市级农业产业化龙头企业7家;创中国名牌1个、江西省名牌产品2个、江西省著名商标3个、中国"放心粮油"产品3个、江西省"放心粮油"产品10个。

刘毓名对未来的发展充满了信心:“我们要把赣中绿色粮油食品工业城打造成为‘江西第一、华东一流’的现代化、多元化粮油食品及副产品综合利用加工城,壮大产业集群,带动区域经济发展。”

稻米加工城的新思维

·牛 尚·

新干，江西中部一座紧临赣江的城市，正是有了赣江水，新干显得“鲜活”了许多。105国道从县城中纵穿而过，这使得城市布局显得有些狭长。

五千年前的新干先民就已打造了农耕狩猎的石制工具；五千年后的今天，新干“稻米加工城”也早已起航。

作为全国重要的商品粮基地和副食基地，新干县在强化工业的同时，把本地的主要粮食资源（稻米）的价值发挥到了极限。

在新干，你看到的稻米加工企业不再是零星地点缀在全县各个地方，而是被集中到“新干城南工业园（粮油加工业园区）”，无论是民营企业，还是国企，要想发展就必须入“园”。

在当地稻米加工从业者的眼中，能入园就是一种企业实力的象征，入园企业将成为新干县以后重点支持的对象。对此，已经入“园”多年的一家企业老总感叹道：“以后实力较弱的小型稻米加工企业只会逐渐消亡。”

江粮集团新干分公司是城南工业园区中实力最强的企业。虽说是国企——江粮集团下属的一个分公司，但其规模已远远大于其他几家入“园”的民营企业，并且该公司基本上把稻米“吃干榨尽”——连谷壳发电后产生的谷壳灰都能卖给做耐火材料的企业。

“吃干榨尽”稻米，这是园内所有稻米加工企业的愿望，但对于园中多数民营企业来说，这一目标并不能在短时间内实现，而需要走更长的一段发展之路。因为，在这个工业园内的民营企业基本上都是家族式企业。毋庸置疑，家族式经营在其发展初期对企业作出了巨大的贡献，也是一些小企业成立的重要途径。但随着经济的发展，家族式企业中的一些问题阻碍了其进一步壮大。家族式企业在人力资源、产权管理、激励机制、决策机制、授权及经营体系等方面存在很多弊端，如低层次的经营机制阻碍了企业进一步融入市场，人才的匮乏影响企业进一步成长等。

新干一些稻米加工企业管理者已发现家族式企业的这些短板，并在思索与行动中。他们中有人已着手“股份化”，想通过2~3年时间将企业转变成股份化公司，并且希望用股份留住更多的人才，从而解决企业以后发展中的人才问题。

股份化只是一种方式，企业要想成功，最重要的是如何把人用活——企业最高管理者思想的转变、权力如何收放自如等。用人不疑，疑人不用，你来做CEO，我只要扮演好董事长的角色就行……只有当企业真正地公司化、管理者职业化时,才能实现创业者的梦想。

此外,新干稻米加工民营企业也已发觉:现今,粮食加工企业实力越弱小生存越困难,加之大量外资企业进入中国市场后,进一步压缩了他们的生存空间。所以,只有抱团,同舟共济,才能做强做大,多方获利。

2010年9月,新干7家民营稻米加工企业共同出资2100万元成立了中利和集团,这是该县第一家稻米深加工民营集团,其目标将围绕着稻米进行多元化发展,最终成为新干经济发展的重要助推器之一。

思想决定高度。新干稻米加工企业正在用自己的新思维改变着现实,并向着更远大的目标迈进。

江粮新干公司：稻米加工的国有力量

•牛 尚•

作为江粮集团的一枚重要棋子，江粮新干公司担当着开路先锋的重任。其2010年9月上马的新项目，是一个完整的将稻谷"吃干榨尽"的循环经济产业链，符合低碳经济、绿色崛起的发展理念，策应了环鄱阳湖生态经济区战略。

近日，农业部授予江西省粮油集团有限公司（以下简称"江粮集团"）全国农业产业化十强龙头企业称号。江粮集团的强大，离不开旗下各公司的强大。其中，江粮集团新干公司就是江粮集团发展中重要的"先锋"。

江粮集团新干公司位于新干城南工业园，旗下有1家子公司、15家分公司、2家储备库，拥有粮食仓房223座（其中立筒库48座），仓储能力31.53万吨，年均收购加工粮食15万吨。现今，该公司已建设完成了稻米"吃干榨净"产业链。

"吃干榨净"稻米

2010年9月19日，江粮新干公司旗下金佳新干分公司的年产18万吨优质大米及其副产品综合利用暨100%稻壳燃料热电联产项目投产。这标志着该公司总占地面积346亩、总投资3.09亿的稻米加工"全产业链"项目全面投产，江粮新干公司也成为了目前全国唯一的粮食副产品全利用的大型大米加工企业。

这两个项目的竣工，可形成年产优质大米18万吨、淀粉糖浆6万吨、蛋白粉7000吨以及稻壳发电4200万度的生产能力，预计每年可实现销售收入6亿元，利税总额6000多万元。

对此，江粮新干公司负责人闵武林表示："这是一个完整的将稻谷'吃干榨尽'的循环经济产业链，符合低碳经济、绿色崛起的发展理念，策应了环鄱阳湖生态经济区战略。"早在2005年7月，金佳谷物年产18万吨优质大米及其副产品综合利用项目经国家发改委批准立项。该项目作为国家农副产品深加工示范工程，被列为2006年省重点工程。项目以稻谷加工为核心，以精深加工和副产品综合利用为重点，形成一条循环经济加工产业链。

一位业内人士评价说，此项目运行标志着传统稻米加工正在向精深加工和副产品综合利用转变，产业化经营方式正朝着高附加值、多元化方向发展。

据了解，在稻谷循环经济加工产业链中，除了主产品大米、副产品碎米用于加工生产淀粉糖浆、大米蛋白粉及方便米粉等米制食品外，米糠经浸出、精炼加工可以生产营养丰富的米糠油，米糠榨油后的糠粕是养殖业及植物繁育很好的饲料原料及营养土基料；稻壳主要用于蒸汽发电，所发电并入国家一级电网，稻壳燃烧发电后的稻壳灰可以再利用加工生产建筑材料及炭黑等；提取部分蒸汽用于副产品淀粉糖浆、方便米粉及稻谷烘干的生产加工。

公司的发展离不开资本的强力支持。

据了解，2007年，农发行新干县支行向金佳分公司发放贷款2500万元，2008年放贷2800万元，并支持该企业收购粮食6200万公斤。此外还向金佳总公司发放贷款1亿元，支持其完成了18万吨大米综合利用项目建设和16MW谷壳发电项目建设。

重组新生

江粮新干公司由江粮集团新干购销公司与江西金佳谷物新干分公司在2009年整合重组而成，是隶属于江西省粮油集团有限公司的规模最大的综合性粮食购销、加工企业。

企业改制重组几年来，金佳新干分公司致力于打造以大米加工为重点的现代化区域性粮食综合利用企业，完整连结粮食经营产业链，努力实现产、购、加、销一条龙，贸、工、农、经一体化，以可持续发展为目标，创造良好的经济效益和社会效益。仅2007~2009年三年便累计完成销售收入9亿元，实现利润900万元。其中，江粮集团新干购销公司正式组建于2005年9月，是集团公司与新干县粮食购销总公司共同组建的、由集团公司控股的粮食购销企业。

为了能让企业走得快些，江粮新干公司从多方面入手进行了改进。

江粮新干公司严格按质量管理、环境管理和食品安全管理体系运行的标准来组织生产，从每一细节入手，认真落实贯标工作，从而使大米加工、谷壳发电等生产始终处于安全、稳定、有序、规范的运行状态。“我们努力稳固与销区客商的合作伙伴关系，拓展销售网络，细分市场，以高、中、低档大米进入销售终端市场，满足不同层次消费群体的需求。”闵武林介绍说，同时介入了“雪津”、“百威”、“哈啤”啤酒大米市场，使企业的产品始终不愁销路。据了解，目前，江粮集团已在新干成立金佳谷物新干销售分公司，专门负责销售工作。

此外，该公司还严格向管理要效益。建立和完善了适应企业发展要求的各项管理制度，形成了一套比较合理的企业内部激励约束机制，从而实现了较好的经济效益。

2009年完成销售收入2.5亿元，实现利润180万元，被集团公司评为综合目标考评

“先进单位”。

抓牢生存之根

对于稻米加工企业来说,最重要的是粮源。

“所以,我们狠抓收购,掌握粮源。”闵武林说,“每年我们发挥收购网络点多面广的优势,全公司整体一盘棋运作,明确一个收购指导思想,紧跟市场早预测、早准备、早动手,把握节奏理性定价,完善服务体系,同时逐年加大外地粮源采购力度,每年收购粮食10万吨以上,2009年收购原粮近15万吨,为企业提供了可靠的粮源保证。”几年来,江粮集团新干公司走上了“公司+合作社+基地+农户”的粮食产业化经营之路,并依托31个优质稻专业合作社,年均推广优质稻“订单”面积10万亩以上,开发建设了丰城、万安富硒稻基地和万载有机稻基地,同时搞好优质稻推广的全过程服务,更好地发挥龙头企业的辐射带动作用。

具体而言,千方百计为粮农节支增效。其一,认真推广优质稻品种并实行价格优惠。除免费赠送良种外,其他优质稻种按低于市场价送种上门,为农民节约种粮成本;其二,扩大“订单粮食”的范围和面积;其三,与正邦集团江西正邦农发公司携手合作,为“订单粮食”优惠配送农药、种子等农资上门,并为合作社社员和“订单农户”全程提供粮食选种、施肥、病虫害防治等技术服务和指导。

由于辐射范围广、带动能力强,新干公司每年原粮收购量占江粮集团收购总量的一半以上,在主导粮食收购方面具有风向标作用。

“新干及其周边地区有丰富的优质粮源和稳定的基地,能保证我们优质稻的需求,节约收购、运输成本,在同行价格竞争中占有明显优势;从效益上来看,有规模优势。”闵武林分析道。

作为江粮集团的重要组成部分,闵武林表示,新干公司将紧紧抓住新干县被列入鄱阳湖生态经济区的难得机遇,依托自身各方面优势,继续推进改革创新,积极探索加快发展的有效途径和方法,按照“做大规模、做强主业、做响品牌、做深加工、做优效益”的思路,体现一流设备,掌握一流技术,强化一流管理,打造一流队伍,创造一流效益,为江西粮食经济的发展而不懈努力。

邓库皮：

诚信至上　水到渠成

·牛　尚·

在新干稻米加工行业，有一个标杆式人物——新干县海珠米业有限公司（以下简称“海珠米业”）董事长邓库皮，其成功之术之一就是“诚信”。

据了解，海珠米业现有资产总额4137万元，其中固定资产2181万元，拥有储粮仓6座，仓储能力1600万公斤。并且2009年收购（调运）稻谷26350吨，生产销售大米1.6万吨，实现销售收入5131万元，利税231万元。

邓库皮高兴地介绍说，海珠米业现在已成为省、市、县三级龙头企业，以后的发展将会更好。

信誉成就企业

“一切为了孩子。”邓库皮进入稻米加工业有点迫不得已，“1996年，孩子们下岗了，作为父亲，怎能看着孩子失业，所以就辞职搞起了稻米加工，让孩子跟着自己做。”之所以选择稻米加工，在邓库皮看来，一是自己做过大队书记，对粮食行业比较熟悉，二是新干当地稻米资源也丰富。这最对他的“口味”。

1996年，他花了3万元，在江西丰城买了一台15吨/日的稻米加工设备，就此成立了新干县海珠水磨精制米厂（海珠米业前身），开始了艰辛之旅。

两年后，邓库皮在稻米上赚到了第一桶金——10万元。他用此钱更换机器，从此获利像滚雪球一样，越来越大，企业实力也随之增强。

2005年海珠米业成为了农发行新干县支行的AA客户，并受到重点贷款支持——从开始的200万元，到2010年其贷款额达到了1065万元。

海珠米业之所以能够不断地发展壮大，是由于邓库皮和海珠人的诚信。

“有一次，一位广东潮州的老客户打电话要一批红米，而新干本地没有，外地也极难收购。”邓库皮回忆说，“但为了公司‘客户要什么，我们就送什么’的承诺，我马上联系全国各地的粮食收购点，哪怕再贵也要买到！”在其看来，在与客户交往中，哪怕吃点亏，也不能失去诚信。也正是凭着诚实守信这一制胜法宝，“海珠”才有了稳定的客户。

2004年，邓库皮将新干县海珠水磨精制米厂更名为海珠米业，至此该企业开始了新的跨越。2006年7月，海珠米业搬进赣中绿色粮油食品工业城，并建起日加工优质大米120吨的生产线，年吞吐量达8万吨。但那一年，由于固定资产投资较大，资金周转一时出现困难。潮州客户林金洪得知这一情况后，在大米还没有开运就将105万元资金提前打到邓库皮公司的账上。邓库皮的儿子知道后非常惊讶，他就对儿子说："正是我们平时坚守诚信，才有今天潮州客商对我们的信任。"

一人带动一业兴

海珠米业经过多年的发展，积累资本上千万，拥有先进生产线，并形成海珠系列品牌。在掌握充足粮源的基础上，邓库皮更新了经营理念，延伸粮食精深加工产业链，把粮食加工业作为公司经营发展的"助推器"，树立品牌意识，使产品很快在广东等沿海省份打开了市场，企业的规模优势逐步显现，形成良性循环。同时，他强化企业内部全面质量管理。经过有关方面的考核验收，海珠大米加工生产线全部通过"QS"认证，取得市场准入证，并且顺利通过了ISO9001:2000质量管理体系认证。

该公司生产的海珠博、海珠香、绿油香等海珠牌系列产品晶莹剔透、口感好，深受广大客户青睐，还成功打入了广州、福建、深圳多家超市。此外，"海珠博"牌大米被评为国家"放心大米"和品牌大米，并已获得江西省的"绿色食品"标志和"放心粮油"、"著名商标"等称号。

"2009年又建了一个占地17亩的稻米加工厂，并上了深加工项目。"邓库皮介绍说，"我们还建立了绿色优质稻生产基地，走绿色粮油之路。"海珠米业在金川、界埠等乡镇以及周边邻县建立优质稻生产基地6个，绿色食品原料生产基地1个，优质稻生产面积3.5万亩（其中绿色食品原料生产面积1.5万亩），种植农户3619户，产量达26350吨，收购的粮食品种优质率98%以上，走上了一条"品质优质化、生产基地化、购销一体化"的粮食产业经营路子。

"民营稻米加工企业的实力相对国企与外资企业是非常弱的，所以，我们必须抱团打天下。"邓库皮感慨道，"现今，我们已有7家民营公司共同出资2100万元成立了中利和集团，来做强做大新干的稻米加工业。"

中利和集团的第一个大项目——占地70多亩的新干粮油市场，2011年将开建。"这将是新干民营稻米加工的一个新飞跃，我们将越来越强。"邓库皮对未来充满了信心。

Part 12

辽宁阜新

杂粮
花生
玉米
满堂红乡
柳
304
太平乡
于寺镇
前福兴地乡
后新秋镇
阜新黑土地油脂有限公司
花浓香花生油有限公司
彰武县
101
阜新蒙古族自治县
新邱区
海州区
细河区
老河土乡
十家子乡
河
花生第一村
阜新花生产业园区

阜新：

中国花生新力量

·魏俊浩·

被称为“共和国发动机”的阜新，在新中国成立以来的很长时期内，单靠煤电这一单一经济结构支撑经济发展。在不可避免地遭遇资源枯竭后，阜新重新拾起了丰富的农业资源，大力发展接续替代产业。在此过程中，花生产业异军突起，日渐壮大，一个花生大市呼之欲出。

阜新，一片已经创造并将继续创造奇迹的热土，是镶嵌在辽宁西北部的一颗“塞北明珠”。

她是一个历史悠久、具有灿烂古代文明的地方；她是一座创造了现代工业文明的全国著名能源基地；她还是全国资源型城市经济转型试点市，她拥有着一串耀人的光环：“玛瑙之都”、“煤电之城”、“玉龙故乡”、“篮球名城”，承载着“物阜民丰，焕然一新”的美好愿望，古往今来，生生不息。

她位于辽宁西北部，东接沈阳市，西连朝阳市，南靠锦州市，北邻内蒙古自治区，总面积10355平方公里。现辖两县五区，即阜新蒙古族自治县、彰武县和海州区、细河区、太平区、新邱区、清河门区。此外，还有一个省级经济开发区和一个省级高新技术产业园区。全市总人口193万，其中城市人口78万。

阜新因煤而生，因煤而兴。然而矿产资源的不可再生性决定了煤炭产业必然“由盛转衰”。2001年，阜新被国务院确定为全国第一个资源枯竭型城市经济转型试点市，担负起探索适合中国国情的资源性城市经济转型道路的重任。

在转型的过程中，“花生大市”的概念逐渐清晰。

共和国的发动机

东汉末年，曹操为统一中国北方，于建安十二年(207年)攻打辽西。阴历8月，北伐大捷，在柳城举行盛大庆功宴。席间，一老汉将亲手雕刻的一对酒杯献给曹操。这对酒杯，似鹅蛋大小，通体晶莹可爱，淡白色中泛淡青色、金黄色等，如皮冻般透明，细看还有脑状的冰凌纹，杯壁上还有鲜红色的图案。

询问老汉得知：这杯是由叫“火石”的石头雕刻而成的，产自辽西郡的火石岭。曹丕望见酒杯晶莹剔透，红似彩霞，纹似马脑，特激情挥毫写了一篇《马脑勒赋》，赋序称："马脑，玉属也，纹理交错，纹似马脑。"因其本为玉石的一种，后人将"马脑"写作"玛瑙"，并沿袭下来。曹丕本人未料到，这篇《马脑勒赋》为后人作了一个绝妙的玛瑙广告。

当年辽西郡的火石岭，就是现在阜新一带。这里一半的乡镇蕴藏着极为丰富的玛瑙石资源。在玛瑙产区的山坡沟壑、田间地头、河床上下，人们都可以拾到玛瑙石。尤其大雨过后，庄稼人拾筐采集玛瑙石的习惯从古至今一直延续。如今，这里已经成为中国最大的玛瑙批发市场和零售专业市场。在中国各地，无论是工艺精品商店，还是旅游景点的摊床上，所见到的玛瑙工艺品几乎都产自阜新，经营者也有相当一部分是阜新人。

和玛瑙一样的天赐之宝还有煤炭。1897年，阜新开始进行煤炭开采，至今已经有100多年的开采历史。新中国成立后，这里理所当然地成为了中国最早建立起来的能源基地之一。"一五"时期，国家156个重点项目中的4个煤炭和电力工业项目建在阜新。几十年来，阜新累计生产煤炭7亿吨，发电2000亿千瓦时。用一个形象的比喻，就是用60吨的载重卡车装载阜新生产的原煤，卡车排起队，可以绕地球赤道约6圈。被称做"共和国发动机"的阜新，因此在新中国工业史上写下了浓墨重彩的一笔。

其实，阜新农业资源也非常丰富，阜新有耕地564万亩，还有200多万亩的林地和275多万亩的草场。农村人均耕地5.6亩，居辽宁省第一位，是全国人均耕地的4倍，所辖两县均是全国和辽宁省的重要商品粮基地和畜牧业基地。20世纪60年代，这里治理坡耕地防治水土流失的经验就已闻名全国。

但因煤而生的阜新，在煤炭生产大干快上的年代，工作的重点甚至全部就是多挖煤，多发电，政府关门、各机关学校的干部职工全部到矿区挖煤的现象也屡见不鲜。在就业最高峰，煤矿工人占据整个城市人口的百分之七八十以上。国家对阜新投资的80%都投在了煤电上，农业、地方工业和教育加起来只占到12%。单一的投资造成了单一的经济结构，也使得阜新的农业发展"备受冷落"。

花生成为新引擎

到了20世纪80年代，阜新可以开采的煤炭资源越挖越少，开采难度也越来越大。煤炭资源枯竭了，阜新的经济也随之跌入低谷。

阜新人认识到，资源萎缩，是阜新经济陷入困境的一个重要原因，但根本原因在于以煤炭为主导产业的经济结构过于单一。调整经济结构，构筑多元化的经济发展格局，以实现产业的可持续发展，成为阜新经济转型的方向。

丰富的农业资源被重视了。现有的耕地，加上百里矿区大量可利用的废弃地，都为现代农业开发提供了发展空间，而且气候、土壤、光照条件又非常适宜发展五谷杂粮、花卉、蔬菜、食用菌等。一个接续替代产业框架基本形成：突出建设全国重要的食品及农产品加工供应基地；大力建设全国重要的新型能源基地；积极建设全国重要的煤化工产业基地；强力打造皮革、液压、板材、家居、铸造、氟化工等“六个重点产业集群”；大力挖掘玛瑙资源，打造中国“玛瑙之都”。正是在这个框架下，畜牧业、设施农业、特色种植业及林果业蓬勃发展起来，而花生种植和加工，无可替代地成为新的“引擎”。

阜新人历史以来就有着种花生的习惯，因为辽西北地区气候干旱，种植玉米往往是靠天吃饭，干旱年份经常减产甚至颗粒无收。种植花生不但每年都有收成，经济效益明显优于玉米，因此被当地农民称做“铁杆庄稼”。

阜新花生果实成熟度、色泽和口感好，既有高蛋白、低油脂、适宜加工休闲食品的地方特色，又有高油脂、适宜加工油的专用品种，尤其是在生产环节不含黄曲霉，在韩日等国享有很高的知名度。

自2000年以来，阜新花生生产经历了持续增长的过程。2008年首次突破100万亩，2009年达到144.5万亩，一跃成为仅次于玉米的第二大农作物，种植面积占当年全省种植面积429万亩的33.7%。特别是去年，阜新发生历史罕见的伏旱，导致玉米大面积减产甚至绝收。然而，该市花生以其抗旱性强的特点经受住了旱灾的考验，花生亩产近140公斤，亩产值在700元以上，全市总产量达到20万吨，产值达10.8亿元，农民人均增收629元，占全市农民人均纯收入的12%。得到益处的农民，种植花生的热情高涨，2010年花生种植面积猛然跃升至217万亩。

以阜新市老河土乡为例，该乡有两万多人，种植花生则达10万亩，占可耕种土地的72.5%，花生收入为农民人均收入的85%。每到花生种植季节，老河土乡一片翠绿，所有的房屋和生命都坐落于无垠的花生地里。

中国花生看阜新

2009年8月26日，第三届中国花生年会暨花生博览会在阜新召开，约400名国内外知名花生专家学者及花生加工企业家参加会议，标志着阜新花生产业得到了国内外业界的认可，进一步促进了阜新花生产业的发展。

阜新花生产业的发展更是得到了政府政策支持，辽宁省委、省政府决心把阜新建成中国最大的花生生产、加工、销售、研发基地，阜新市也决定把花生产业作为强市富民的主导产业做大做强，力争把全市花生发展到300万亩，年产优质花生70万吨；辐射周边地区发展花生700万亩，总产量达到150万吨。阜新年加工花生能力达120万吨，销售收入176亿元。

2010年8月10日，阜新又在沈阳召开辽宁阜新花生加工项目推介会，宣传推介阜新花生产业发展需求，吸引国内著名花生产业客商到阜新投资兴业，共同打造中国重要的花生生产加工基地。

阜新的转型发展也让众多企业看到了发展前景，他们纷纷接过阜新政府抛出的橄榄枝，到阜新投资建厂。山东鲁花集团投资建设的年加工、分装浓香花生油及调和油10万吨项目已经投产；辽宁黑土地油脂有限公司冷榨花生油、浸出花生油、脱脂花生蛋白粉生产项目，年可处理花生仁15万吨，加工冷榨花生油4.4万吨、浸出花生油2.3万吨、脱脂花生蛋白粉6.2万吨，年内亦可投产。加上原有的辽宁鑫吉粮油和维远科技两家花生深加工企业，这些企业年生产花生油能力可达20万吨以上，年加工花生分离蛋白7万吨。到目前为止，正式签约花生加工企业10家，达成意向的花生加工企业12家，重点推介在谈企业10家……加上现有的近百个花生专业合作社、数百名从事花生购销的经纪人、上千家花生初加工户等，阜新距离“全国最大的花生种植地级市”，全国花生种植、销售和深加工中心的目标已经不再遥远。

如今，枯竭的矿山脚下长出了“长生果”，阜新也成为全国循环经济试点市。有着“玛瑙之都”、“能源基地”、“篮球名城”称谓的阜新，已经快步迈向一条崭新而宽阔的兴盛之路。不远的将来，阜新也一定会在这一系列称呼中加上“花生大市”的称号，而“世界花生看中国，中国花生看阜新”也将不只是一个口号。

资源枯竭城市的精彩转身

·魏俊浩·

皋新因煤而立、因煤而兴。在煤炭资源枯竭后，作为新中国第一个资源枯竭型城市经济转型试点市，阜新开始了“重生”之路，在构筑的持续替代产业框架中，花生产业担当起了主角，花生收购、加工大户如雨后春笋般冒出，不少地方，农民人均收入的85%都来自花生。

辽宁省阜新市城区向南不远，就是曾经世界闻名、亚洲第一的阜新海州露天煤矿。只需将时光向前推移20年，这里便是机器轰鸣，一派繁荣，从这里源源不断输出的煤炭不仅是阜新发展的动力，更是全国工业文明发展的动力。

但如今，这里已成为海州露天煤矿矿坑。这个长4公里、宽2公里、深350米的废弃矿坑，被形象地称为地球表面的一道伤痕，成为了阜新资源枯竭的一个标志。不过这道“伤疤”正逐渐被修复和装饰，激情演绎了“凤凰涅槃，浴火重生”的美丽神话后，变身为海州矿国家矿山公园，被阜新人当做了阜新的地标，成为阜新转型振兴成功的象征。

和海州露天煤矿坑类似，阜新也在历经阵痛后，完成了转型，实现了重生。且阜新如今的动力早已不仅仅依靠煤炭资源这一单一产业，而是构筑起了持续替代产业框架。

被称为“长生果”的花生，日益在持续替代产业中占据重要地位。

煤炭枯竭难续

曾有人把阜新比作中国的“经济老区”，是新中国最早建立的煤电生产基地之一。从新中国成立起，先后有几十万职工在这里把青春年华奉献给了煤炭事业，为新中国的发展作出了巨大贡献。

站在新世纪的门槛上，阜新面临着新的抉择：这座因煤电而立、因煤电而兴的城市，由于百余年的开采，煤炭资源已近枯竭。从1986年阜新市新邱区两座煤矿报废开始，枯竭的煤矿逐年增多，与煤电相关的地方企业也陷入了关闭停产的窘境。阜新在“燃烧了自己，照亮了别人”后，留下的是沉重的历史包袱，特殊的现实困难。

更加可怕的是，长年开采造成的采煤沉陷问题随后呈现出了爆发的趋势，在200万平方公里的采煤区内，民宅、医院、道路、公用设施都面临着随时塌陷的危险。

不少阜新人都能讲述几个关于地面塌陷的故事，听起来惊心动魄。1999年，新邱区南部八坑处，一台213型吉普车正在路上行驶，突然路面沉陷，吉普车"如同电影特技镜头般"在路面消失，后面路人目瞪口呆。2000年，当地一个叫黄凯的孩子正在路上行走，突然路面沉陷，孩子"像一块石头"掉进深不见底的废坑道里，当场被瓦斯熏死。

居民房屋会突然"轰隆"一声，半陷入地下……曾经世界闻名、亚洲第一的海州露天煤矿，成为了严重威胁城市地质安全和生态环境的世界最大人工废弃矿坑，引发了整座城市下岗失业人员骤增、经济迅速衰退等深层次问题。

2001年，阜新市在对经济盘点时得出了几组令人震惊的数据：全市国内生产总值增幅在辽宁省是倒数第一名，连续两年增幅不到1位数，比西部地区还低2个百分点；人均财政收入全省最低，拖欠工资近5个亿；4个城市人口中，就有1个靠最低保障生活；全市78万人，有1/3下岗失业，居辽宁省之首；108万农村人口中，有近60%生活在贫困线上。

早在1991年8月，时任国务院副总理的朱镕基亲自到阜新视察时，就要求城市酝酿转型。2002年2月28日到3月1日，时任国务院副总理的李岚清率国家计委等部门负责人到阜新现场调研。2003年1月31日，时任中共中央政治局常委、国务院副总理的温家宝在地下720米深处和矿工们共度除夕夜，劝慰和他一起在井下吃饺子的矿工："别担心，矿工的生活会好起来的。"三位国务院领导心系阜新，表明国家对东北重工业基地及能源城市企业改制及城市转型的关注。2001年12月，阜新市被国务院确定为中国第一个资源型城市经济转型试点市。

2003年10月18日，被称为阜新经济转型"1号工程"的阜新大江有限公司全线投产，实现了饲料生产、良种繁育、畜禽饲养、食品加工、内外销售"一条龙"的连贯作业。这也标志着阜新正式踏上了转型的道路。

资源枯竭型城市经济转型是个世界性难题，英国、德国、法国等欧洲资源型城市的转型进行了几十年，目前仍在不断探索中。阜新到底如何转型？这个问题的背后，存在着全国80个资源枯竭型城市，存在着东北大片同样等待转型的重工业基地。

花生蓬勃崛起

将发展农产品加工业作为重要替代产业来抓，成为阜新经济转型的一大战略。

巧合的是，李岚清在2001年8月到辽宁考察途中第一次听取阜新煤炭资源枯竭的汇报时，便提出"阜新的未来要由第二产业向第一产业、第三产业转移。阜新离沈阳、锦州都很近，交通方便，搞反季节的花卉、蔬菜、水果市场潜力很大。要放开思路，发展高附加值的现代农业，力争实现农业现代化"。据阜新市政府部门一名工作人员解释，阜新的经济转型实质上是实现一、二、三产业的协调发展，通过建设一批现代农业示范园区，培育一批农业产业化龙头企业，进而建立起现代农业体系，形成具有阜新地域特色的优势产业和可持续发展能力。

扩大花生种植被作为阜新农业结构调整的一项重要内容来抓。阜新市委、市政府也积极行动起来，从上到下齐动员，全力推进花生产业发展。将其作为该市农业工作的重点，写入了《政府工作报告》。

很多乡镇都拿出大部分耕地种植花生，将花生作为当家作物。如阜新市老河土乡，通过召开现场观摩会、座谈会、举办花生高产栽培技术培训班等形式，反复宣传，帮助农民解决实际困难。广大农民种植花生的积极性越来越高，种植面积逐年扩大：2005年为5万亩，2006年为6万亩，2007年为8万亩。2008年，全乡花生种植面积首次扩大到10万亩，占全乡可耕种土地面积的72.5%，占全县花生种植面积的1/8，居全国乡镇花生种植面积之首。2009年和2010年，老河土乡花生面积稳定在10万亩，农民人均收入的85%都来自花生。

在该乡历次乡党委会上，历年乡人代会上，每一篇政府工作报告里，花生产业总是排在最靠前的位置。几年来，该乡党委和政府多次邀请沈阳农业大学、省农科院、省风沙地研究所的科技人员前去指导，引进了省风沙地研究所培育的新品种"阜花10号"和"阜花11号"，产量普遍增产20%以上。随之，又相继引进花育、高油系列品种，目前，全乡花生新品种推广面积已超过3万亩，占花生总面积的30%多。

阜新市的花生种植面积也逐年增加，2008年首次突破100万亩，2009年达到144.5万亩，一跃成为仅次于玉米的第二大农作物，2010年更是突破历史，达到了217万亩。以老河土乡为例，2009年和2010年，老河土乡花生总产量超过2万吨，仅种植花生一项就可增加农民收入1亿元，人均增收5000元。

一些花生购销专业合作社也如雨后春笋般成立。如阜蒙县新赢花生购销专业合作社，现有董事5人，发展社员780多人，遍布12个村。合作社投资购买了有关花生从种到收使用的100多台（套）机械，其中仅覆膜机就有60多台，为2000多花生种植户提供服务。

合作社的社员都是花生种植、收购、加工大户，每户种植花生都在30亩以上，多的甚至上百亩。合作社制定了争创国家绿色有机食品计划，全体社员统一选用花生品种，统一使用符合绿色有机食品要求的化肥、农药，并采用机械覆膜花生新技术，增加花生单产。

阜新市也安排专项支农资金，对新品种引进、新技术推广和播种覆膜机械给予补贴，引导农民通过选用良种、地膜覆盖等技术措施，搞好科学种植，实现花生全程的机械化。如农机部门为老河土乡专门配备了60余台花生覆膜播种机及大型整地机械。全市机械化、半机械化播种面积达到了170万亩，并大力推广花生摘果机、脱粒机等机械，花生种植全程机械化正逐步得到应用。阜新、彰武县等成立了花生专业服务队，配备施药机和机动喷雾喷粉机，为农民提供生产、加工、销售服务。

阜新的目的不仅要把阜新发展成为"全国最大的花生地级市"，还将花生深加工做成一项“大产业”，以形成东北乃至全国花生种植、集散销售地和深加工中心。

他们把招商引资作为工作的重点，先后赴北京、上海、天津、山东、福建、河南、广东及省内的沈阳、大连等地开展上门招商活动，引进和培植花生龙头企业，搞好花生深加工，拉长产业增收链，形成花生加工企业群，促进花生的转化增值，进一步带动农民增收。

一些乡镇的众多农民已经开始产业化经营。如阜新市彰武县彰武镇吉岗子村，该村现有花生脱壳加工户300多个，年加工花生米数万吨，生产花生糠两万多吨。部分农户利用花生糠酿酒，而酿酒产生的酒糟则用来养牛，已形成了“花生收购—花生脱壳加工—花生米销售—花生糠酿酒—酒糟喂牛”的产业化链条。

目前，包括阜新鲁花浓香花生油有限公司和阜新黑土地油脂有限公司在内的众多龙头企业也已扎根阜新，助力阜新成为“全国地级市中最大的花生产业基地”和“全国重要的花生加工、销售、集散和良种研发中心”，带动阜新农村经济快速发展。

阜新鲁花：产业发动机开启“东北之旅”

•魏俊浩•

当年立项、当年建厂、当年投产，年产10万吨食用油的阜新鲁花再现了神奇的“鲁花速度”。它将阜新当地的花生资源优势与鲁花的科技优势、品牌优势紧密地结合起来，形成了强大的产业推动力，促进了阜新市花生产业结构调整，促使了花生的增产和农民再增收。

2010年11月8日，由鲁花集团投资建设的浓香花生油生产工厂在辽宁省阜新市正式开业，实现了当年立项、当年建厂、当年投产，再现了神奇的“鲁花速度”。

这个工厂将覆盖整个东北地区的原料和产品供应。东北的花生原料可以直接运到这里加工生产，大量的产品可以在东北地区当地销售。

鲁花在阜新的落户投产，将形成强大的产业推动力，可以使阜新及周边地区发展花生配套基地100万亩，带动100万农民增收致富；促进当地花生产业结构调整，促使花生增产、农民再增收。

立足阜新辐射东北

1983年，担任山东省莱阳县姜疃镇物资供应站站长的孙孟全，开始了自己的创业生涯。那时，他所拥有的全部资源只是7名员工、4间平房和资产额几乎为零且已经亏损近15万元的物资站。如此条件，要想重新创业谈何容易。然而，经过缜密的思考和对周边环境与市场的深入调查，孙孟全作出了对物资站的经营方向进行重大转变的决策，将物资供应的主营业务调整为农副产品加工与贸易。从此，孙孟全翻开了“鲁花”创业的第一页，创立了山东鲁花集团有限公司。

27年过后，山东鲁花集团有限公司已经成为一家大型民营企业、中国民族品牌、农业产业化国家重点龙头企业，花生油年生产能力80万吨，葵花油生产能力10万吨，其独创的5S纯物理压榨工艺，因能有效避免高温精炼和化学溶剂对油品的污染，保存了成品食用油中的天然营养成分，彻底去除了油品中黄曲霉素等，成为世界上领先的食用油制造工艺，填补了国内外空白。形成了从良种培育、推广、种植到加工、销售一条完整的产业链；形成了以花生油为主，坚果调和油、剥壳压榨葵花仁油、芝麻香油、酿造酱油、酿造糯米香醋、矿泉水为副的丰富的产品线。其主推在原料产地建厂的生产模式，使鲁花在莱阳、姜疃、周口、襄阳、深州、新沂、常熟和内蒙古等地均开出了艳丽的花朵。

同样依照这一宗旨，2010年年初，山东鲁花再次在阜新绽放。只不过该厂的负责人成为了孙孟全的兄弟孙孟臣。

阜新鲁花浓香花生油有限公司位于阜新市高新科技园内，投资1.2亿元，占地面积200亩，年加工、分装浓香花生油及调和油10万吨，年产值可达15亿元。

"在阜新投资，主要是看中了该地花生种植面积逐年扩大，对阜新打造全国最大的花生生产、加工、销售和研发基地的前景非常有信心。而且阜新花生黄曲霉含量为零，品质优良，当地又非常重视花生产业的发展。"阜新鲁花浓香花生油有限公司总经理孙孟臣说。

当然，在阜新建厂，其地理位置对于鲁花产品在东北三省和北京、天津的销售非常有利。

改良品种建设"第一车间"

虽然刚刚在阜新建厂，但阜新鲁花已初现"王者风范"，开始引导农民改良花生品种。

孙孟臣称，目前阜新花生的种植面积虽然很大，但和山东等地相比，阜新花生亩产较低，农民种植技术落后，花生的出油率也较低。造成这种情况的原因是，众多阜新农民并不了解市场，也不清楚市场到底需要什么样的花生，因此就习惯性地种植小花生，而这种花生并不适合榨油。

此前也曾有技术人员推广种植出油率高的大花生，但农民看不到眼前的实惠，也不敢贸然改种。随着阜新浓香花生油有限公司的投产，以及大规模地收购花生，越来越多的农民认识到，种植大花生不仅产量增加了，而且销路也好，还能卖上个好价钱。

"今年国家已经对花生实施良种补贴，如果对种植大花生的农户给予一定的补贴，将会起到更好的引导扶持作用。"孙孟臣说。

鲁花的落户投产，可以将阜新当地的花生资源优势与鲁花的科技优势、品牌优势结合起来，建成一条从种子推广、基地种植、原料收购、生产到市场销售的优势产业链。通过该工厂的生产拉动，可以使阜新及周边地区发展花生配套基地100万亩，带动100万农民增收致富；促进当地花生产业结构调整，使花生增产、农民再增收；还可以解决当地农村富余人员的就业问题，吸纳更多的农民到企业务工；带动当地及周边地区运输业、餐饮业等第三产业的发展。

黑土地：

高科技拉长花生产业链

·魏俊浩·

机器未动，科技先行，尚未投产的黑土地，就已成立了东北首个花生新产品研究所，申报的花生精深加工技术集成与产业化示范项目已经被科技部列为"十二五"国家科技计划农村领域首批预备项目。黑土地决定依靠科技的力量，拉长产业链，做好花生深加工。

"这回咱种花生就更不愁卖了！"阜新市阜蒙县八家子乡的花生种植户韩老汉一家人高兴地说，"现在还没到开春种地，厂家就来上门订购啦！"韩老汉所讲的厂家就是2009年5月落户阜新市的花生深加工龙头企业——阜新黑土地油脂有限公司。

该公司坐落在辽宁阜新国家高新技术产业园区内，是集花生良种繁育、花生精深加工、花生新产品研发于一体的综合性企业，项目全部达产后，将发展成为全国最大的花生综合加工企业。

深加工的"龙头"

2010年11月10日，辽宁省阜新市迎来了当年的第一场冬雪。占地约6.3万平方米的阜新黑土地油脂有限公司厂区内，浅绿色的库房和办公楼顶都披上了一层洁白的轻纱。

但纷纷扬扬的雪花没能阻挡工人们的热情。厂区一角，一些建筑工人正在紧张地施工，以争取在上冻之前完成室外作业。而在车间内，一些工人正在安装调试设备。

阜新黑土地油脂有限公司投资9850万元，有加工车间7000平方米、仓储车间12000平方米，研发楼6000平方米。主要产品有浓香花生油、冷榨花生油、浓缩蛋白、花生肽、花生纤维等系列产品，年加工花生果能力15万吨。

该项目达产后，将以其产品科技含量高、附加值高、链条长、生产技术先进等特点，成为全国最大的花生综合加工厂，经济效益和社会效益明显。

虽然尚未投产，但对于花生深加工的市场前景，阜新黑土地油脂有限公司总经理赵晶十分看好。

赵晶称，随着人民生活水平的提高，食用植物油和植物蛋白摄入量呈现快速增长态势。花生油、花生蛋白等因其丰富的营养成分和保健功能日益受到消费者的青睐。同时,我国大豆油脂产业受到国际市场的严重冲击,产品价格受国际市场影响较大。而中国拥有众多花生生产基地,能够保证国家粮油安全和国民的利益。国家已经将发展花生油脂产品列上保证粮油安全的重要日程,建设花生深加工项目市场前景广阔。

"通过本项目的建设,将会对阜新农业种植结构的调整、农副产品加工业的发展和带动农民增收致富起到积极的促进作用,为保障国家粮食安全作出应有的贡献。"赵晶说。

科技制胜

"要建就建科技含量高、后劲大、产品附加值高的企业。"赵晶表示,公司的优势就在于她有着较强的自主研发能力。公司专门成立了东北首家研发花生新产品的研究所,拥有花生乳品自主知识产权1个,申报的花生精深加工技术集成与产业化示范项目已经被科技部列为"十二五"国家科技计划农村领域首批预备项目。

而在此前,黑土地阜新黑土地油脂有限公司就以"公司+农户"的种植模式,引进了"冀花4号"(国审)花生良种,在彰武县苇子沟等4个乡镇、12个村200余户,布点试种1380亩,平均亩产达到了520斤,比原种植的品种提高32%左右,增产百余斤,带动农民平均每亩增加收入300余元。

近日,黑土地利用花生壳、茎叶等生产的纤维板试生产成功,将批量生产,投入市场。

2010年年底,阜新黑土地油脂有限公司即将正式开业。为进一步促进阜新农业种植结构的调整,阜新黑土地油脂有限公司将以公司为主体,采取"公司+农户"的订单种植模式,争取明年将基地扩大到10个乡镇30个乡,扩大良种播种面积,加强科技辅导,带动更多的农民增收,推进农业产业化进程。

同时依托河北省农林科学院粮油作物研究所、辽宁省农业科学院的科技优势和辽宁省申博生物科技有限公司的育种基地优势,加快良种繁育进程;依托辽宁乌兰山生物技术有限公司测土配方施肥和开发花生专用肥优势,改善土壤影响,提高花生亩产和品质;加快"冀花4号"花生良种推广力度,从2011年开始,力争达到10万亩种植面积,带动1万花生种植农户增收3000余万元。

阜新黑土地油脂有限公司基地的建设,不仅依靠科学技术带动农户增收致富,也将带动相关优势企业做大做强,实现"企业+农户+技术联盟+相关企业"优势互补、共同发展的良好态势,确保阜新花生产业的健康、可持续发展。

Part 13

重庆铜梁

侣俸镇
铜梁县
双山乡
小林乡
土桥镇
蔬菜
莲藕
再生稻
虎锋镇
铜梁国家粮食储备库
重庆粮食集团铜梁县粮食有限责任公司
同心水库
璧山县
狮子镇
丁家镇

铜梁：

绘出多彩新粮韵

·牛 尚·

铜梁，其建县史最早可以推到唐长安四年（704年），因境内“小铜梁山”而得名，以国际主义战士邱少云的故乡和铜梁龙的发祥地而蜚声中外。

铜梁再生稻蓄留面积居重庆首位，是山城晚秋生产一道亮丽的风景线。

铜梁森林覆盖率超过30.3%。重庆市委书记薄熙来曾表示，要让当地农民通过林下经济等种植、养殖产业成为“万元户”。

铜梁县位于四川盆地东南部、重庆西北部，其东南邻璧山，西南靠大足，西北接潼南，东北与合川接壤。地处长江流域嘉陵江水系，其县城内有巴川河穿城而过、县城外有淮远河蜿蜒绕城。

早在两万年前的旧石器晚期已有人类居住在现今的铜梁，其建县史最早可以推到唐长安四年（704年），因境内的“小铜梁山”而得名，以国际主义战士邱少云的故乡和铜梁龙的发祥地而蜚声中外。

早在明清时期，铜梁龙即以它工艺制作的宏大奇巧、舞技表演的粗豪而闻名川东南。近百年来，铜梁的民间艺术家们又不断融会八方技艺，遂使铜梁龙灯以其凝重的古朴之风熔浓烈的现代意蕴为一炉而倍增异彩。

铜梁矿产资源丰富，已探明有26种，原煤储量10.4亿吨，天然气储量4000万立方米，其他有天青石、白泡石、方解石等。这些条件足以让人感觉到，铜梁算得上西南较有“天富”的地区。但该区域坡耕地面积大，水土流失面积占到了土地总面积的36.37%，这既制约了农业结构调整，又对城市生态环境构成不利影响。

为此，铜梁县按照经济效益与生态效益并重的原则：一方面，大力改善坡耕地的基础设施条件，通过改土、建池、修塘、挖沟等工程措施和改顺坡种植为横坡种植等农耕措施蓄积水源，减少水土流失，另一方面，在河畔、库周、渠边、塘坎营造经果林和水土保持林，推动传统农业向都市农业转型，又使之成为城区的生态屏障。

改田改土

铜梁地域广阔，地形复杂，地貌、土壤、气候、水资源条件优越。该县属亚热带温暖湿润气候区，冬暖春早，夏热秋凉，气候温和，四季分明，水热丰富，热量、水分、光能三者同步，无霜期长。“铜梁年均气温17 .9℃，最冷月（1月）平均气温7.1℃，8月平均气温28.2℃。年雨量平均1063.8毫米，光照1324.1小时，空气相对湿度82%。”铜梁气象部门相关人员介绍说，这非常有利于农作物的生长。

此外，铜梁地处川中丘陵与川东平行岭谷交接地带，境内分布有低山、丘陵坝地、河谷坝地等地貌，海拔185米~886米。水系有“一江两溪三河”，即涪江、大安溪、小安溪、平滩河、淮远河、久远河加上大小支流245条遍布全县。其中旱地土壤以紫色土、黄壤、冲积土为主，适宜多种作物生长。

虽然铜梁地理环境和气候条件都不错，但其可利用蓄水量仅1.4亿立方米，人均不到500立方米，是重庆重点易旱缺水县之一，并且全县的45万亩水稻田中，“望天田”占了1/10以上。

双山乡农业服务中心主任王开强介绍说，不少泥巴田坎因渗漏垮塌不仅影响耕种，而且蓄不起水，到了水稻抽穗开花时节，田里无水调节田间小气候而造成减产。

侣俸、铜安等村镇地势低洼，田多土少，虽说是铜梁的水稻主产乡，但不少稻田缺乏排灌设施，长期遭水浸泡，导致土体软烂，秧苗栽下“坐蔸”严重，成为中低产田，平均亩产量还不到400公斤。

对此，铜梁围绕发展优质粮食产业这个重心，实施粮食提升工程。除建起了能排能灌的水利保障设施外，还充分尊重群众意愿，采取以奖代补的形式实施了与新农村配套的便民大道工程和优化农村环境的农田林网工程。“我县坚持不懈地开展农田水利基础设施建设，加强病险水库加固、渠道配套建设和工程改造，提高耕地旱涝保收能力。”铜梁相关农业部门人士表示。如该县农业、水利等部门对稻田进行“条田”改造，实施蓄水与防洪、排灌结合的农业基础设施建设。

“条田”改造是按照新农村建设要求，实行山、水、田、渠、路、林配套建设。其建成效果是：水流有渠，能排能灌；蓄水有池，抗旱有水；田间有路，方便作业；山坡种果，路边有树，形成网状绿化带。经改造后的稻田非常适合机械化耕种，并为发展“稻—鱼—鸭”立体种植养殖模式提供了基础条件，每亩稻田都增加了经济效益。

另外，铜梁采取了土壤“减肥”、秸秆还田、吃“绿色餐”、推广有机肥四招，强化耕地保养，为耕地“养颜”。过去铜梁农业综合开发工作主要是改田改土，2008年以来，该县农开办积极探索农业综合开发的新经验，决定将项目实施与农业产业化、新农村建设和农村生态环境建设有机结合起来。这种新的方式是：先引进业主成片流转土地，然后再通过科学的规划，成片地进行水网、道路等基础设施的改造。“建立土地流转机制后，土地成片，既好规划，又好进行基础设施的建设。”铜梁县农业综合开发办公室主任吴文刚说，通过路网、水利等基础设施改造后的土地，档次上升，产出能力增强。

近3年来，铜梁县利用国家和市里的4430多万元农业综合开发资金，在高楼、侣俸等镇，成片开发了高标准农田3.5万亩。这3.5万亩经过开发的土地，在30余个业主的手里实现规模经营后，土地的产出在以前的基础上，增加了10倍左右。

在项目区内的万余户农民，每户每年平均获得的土地流转租金收入有1500元左右，在业主那里打工的收入有1万余元。这比以前自己经营土地，年增加纯收入8000元左右。

再生稻样本

再生稻是铜梁晚秋生产的一道亮丽风景线。

1986年，铜梁蓄留再生稻7万亩。再生稻生产获得巨大成功，1986~1989年，铜梁再生稻共产粮1亿公斤。即使现在，铜梁的再生稻蓄留面积仍居重庆首位。

原四川省委书记杨汝岱在铜梁农村看到和正季稻差不多一样饱满的再生稻，高兴得连连称赞："铜梁发现了新大陆！"

过去铜梁将再生稻生产计划下到全县的每个乡镇，但经过长期的实践发现，山区气温低，并不适宜蓄留再生稻。据了解，丘陵和江河沿岸地区泥脚浅、土质瘦的田块发苗差，平均产量不足50公斤，有的年景还基本无收。"而平滩、双山、小林等几个乡镇稻田土质肥沃、土层深厚，土壤有机肥含量高，蓄留的再生稻发苗多，长势好，平均产量在100公斤左右，部分田块达到200公斤，还出现了250公斤的特高产田块。"铜梁农业服务中心主任胡胜勇介绍说。

因此，近年来，铜梁农业部门划定了再生稻生产最适宜区和基本适宜区，将再生稻生产安排在了最适宜区的8个乡镇。

目前，铜梁县蓄留再生稻面积达18万亩。

"在市场经济的新形势下，提高粮食比较效益和市场竞争力，必须按照高产、优质、高效、生态、安全的要求和产业化经营的模式，推进粮食生产优质化和粮食生产标准化。"胡胜勇这样认为。一方面，铜梁大力实施种子工程，加快粮食作物新、优、专、特品种的引进、示范和推广工作，促进品种更新换代步伐；大力推广玉米、水稻、洋芋等地膜覆盖技术，提高稳产高产程度。另一方面，在选好种、育好苗、种好中稻、积极推广再生稻的前提下，铜梁扩大了粮食复种面积，并且充分利用临时耕地、田边地角、新建基地、25度以下荒坡、江河滩涂等，发展豆类、红苕、玉米、马铃薯等优质杂粮，增加杂粮面积。

林下"聚宝盆"

近些年来，受政策和市场的激励，铜梁加快了森林建设，林地面积不断扩大。目前，其林地面积已突破36860公顷，森林覆盖率超过了30.3%。但林地的面积增加，郁闭度增大，随之而来的一些不容忽视的问题——林下土地资源闲置日益突出。

重庆市委书记薄熙来曾表示，要让当地农民通过林下经济种植、养殖产业成为

"万元户"。为此,铜梁县全面探索林业转型之路,合理利用林下空地,积极发展林下经济,实现了滋养生态与惠农"1+1>2"的经济效应。铜梁把农村的一些多种经营项目转移到林下,即发展林—禽、林—草—畜、林—菌经济链,使农民在不新增占地的情况下实现增收。

目前,铜梁培养了林下经济大户1200多户,都取得了较好的经济效益和社会效益。白羊镇党委委员朱代君表示,2010年林下经济发展态势相当良好,到目前为止,我们发展了林下经济大户75户,包括养羊、种植食用菌、养鸭、养兔等方面。

林下经济只是铜梁特色农业的一个缩影。近年来,该县建成蔬菜、竹木、蚕桑三大产业基地47万亩和300万羽水禽、20万头瘦肉型猪生产基地,建成枳壳、桂花、茶叶粉葛等区域特色产业基地30万亩。

目前,铜梁已启动了10万亩蔬菜基地建设,建成了6万亩。其中,高楼镇万亩蔬菜基地经重庆市农委审核推荐,正式创建国家级露地蔬菜标准园。在蔬菜基地建设上,铜梁大力扶持农业产业化龙头企业、蔬菜专业合作社、种植大户的发展,实现了集中规模经营。

重庆市人大常委会副主任郑洪评价说:铜梁以农业综合开发为抓手,高标准建设蔬菜基地,有力促进了农业产业结构调整和现代农业发展,实现了农业增产和农民增收。

铜梁小杂粮之春

·牛 尚·

小杂粮蕴藏巨大商机，开发小杂粮大有可为。铜梁县紧紧抓住这个机遇，在小杂粮上做起了新“文章”，绿豆、胡豌及杂粮加工新技术都有新进展。

重庆市铜梁县双山乡寿桥村六旬老农杨春祥扛着锄头来到自家屋后坡上的田地。杨春祥是种粮好把式，他在种好水稻、玉米的同时，坚持种些小杂粮。在他家，种绿豆已有20多年。

近年来，人们对绿色消费有了新观念，小杂粮由于绿色无公害、营养价值高，得到消费者的热捧，价格逐渐上升。小杂粮蕴藏巨大商机，开发小杂粮生产大有可为。铜梁县也紧紧抓住这个机遇，在小杂粮上做起了新“文章”。

铜梁县将投入1亿元资金，用5年时间，建成年种植10万亩的优质油绿豆生产基地，既保证市场供应 ，又促进农民增收。

绿豆恢复“元气”

铜梁县地处重庆市西部，旱地面积约35万亩，其中：土层10厘米以下、常年因春旱或夏旱严重而不宜种植玉米等高秆作物的薄土较多，还有大量的田边地角，其利用效率均较低。20世纪90年代，为了充分利用这些土地资源，提高旱地产值，在粮经结构调整中，铜梁采取苕厢间作和幼桑幼果地间作及净作等种植模式，大力发展优质油绿豆生产。2005年，全县种植面积达到5万多亩，后来由于价格低迷、品种单一退化、产量低等多种因素，种植面积减至3万亩左右。

在杨春祥眼里，绿豆小杂粮也是一季庄稼：“记得20世纪90年代，我们村家家种绿豆。这些年市场上绿豆换不了钱，许多农户都放弃了绿豆种植，但我还是坚持每年都种上一两亩。”

“管理绿豆比较简单，还可以让土地增肥。另外，绿豆几乎没有虫害，一般不用打药。人们称它是绿色食品。”杨春祥介绍。杨春祥所在的双山乡是铜梁的边远农业山乡，坡高沟深，土薄地瘦，经济较为落后。但2010年4月，双山乡经过市场调查，认为小杂粮中的绿豆价格高、市场旺，他们及时购进优质、高产、一次性成熟的绿豆新品，引导岩湾、建新等村的农户在林下种植。

“活了近60年，没见过绿豆价格这么贵的。”铜梁庆隆乡庆新村5社的一位农户感叹道。庆新村属于国家退耕还林范围，很多农民不种玉米、豆类了，现今准备开始在田间地头种绿豆了。

据该乡农业服务中心农艺师李廷海介绍说，绿豆是矮秆作物，林木是高杆植物，完全可以在林下间种，管理上也比较简单。绿豆一般亩产100公斤左右，如果按每公斤12元的价格计算，亩收入在1200元以上。此外，绿豆属于豆科作物，根系有固氮的根瘤菌，有利于改良增肥土壤，对林木生长也十分有利。

经过调研后，双山乡认为，森林工程的建设为发展林下经济提供了空间，利用林间空地种植绿豆。这样开发林下经济、提高林地经济效益是一项省费效佳的增收路子。

庆新村村党支部书记吴跃学带头规划在4亩林地里点播绿豆，其他的村社干部也不甘落后，纷纷在林下种植绿豆。此后，在村社干部的宣传带动下，农户也开始行动了起来。据初步统计，双山乡种植面积至少在2000亩以上，今后逐年扩大种植到5000亩，并要把双山乡建成重庆市的优质绿豆之乡。

据了解，铜梁县从2010年起，在划定绿豆最佳生产区建立8个生产基地、引进2个以上优质绿豆新品种、县乡农业技术部门建立高产示范片、政府以奖代补鼓励规模种植、国有粮食企业保护价“订单”收购、支持专业合作社加工增值等多方面促进绿豆生产。

现今，优质油绿豆生产已成为该县特色农业发展的重要产业，更是促进农业增效、农民增收的重要途径之一。

豌豆胡豆并蒂开

“豌豆儿花，胡豆儿花，唱歌不要媒人家。豌豆儿角，胡豆儿角，唱歌不要媒脑壳。”铜梁的山歌中如此唱到。这也反映出，铜梁很早就有种豌豆、胡豆的历史。现今，这两种豆子更是成为该县小杂粮一个重要“代言人”。

据双山乡农业服务中心主任王开强介绍，豌豆与胡豆虽然是属于小杂粮，但小杂粮并不小。因为，小杂粮不占地，耐贫瘠，田边地角和土坎都可种植。特别是土山宽的山乡，种植碗豆、胡豆相当有搞头。

双泉村三社社长吴勇种的品种叫朱砂豌，以采豌豆尖为主。“我家的两根田坎有80多米，种的全部是食荚大豆豌。嫩豌豆荚就能卖300多元。”据了解，双泉村三社有一半的农户中以摘菜豌豆和嫩胡豆、豌豆尖为主。多的种了1亩多地，少的也有二三分地。“种好了每亩地收1000多元不成问题。”吴勇表示。

李廷海介绍说，豌豆与胡豆是豆科作物，其根部的根瘤菌可以吸收固定空气中的氮素，还可以增加地里的肥力，有助于下季农作物生长。所以，胡豆豆荚采收后，青豆可作蔬菜用，豆秆压青还田。据了解，干豌豆在70%~80%豆荚枯黄时收获，作青饲料或绿肥的在秸秆盛花期收获，绿肥和蔬菜兼用的在收青豆荚(卖鲜豆荚)后茎叶及时翻压还田(土)。

铜梁农委副主任吴思华说，全县2010年豌豆与胡豆种植面积有4万多亩，比去年增加1万多亩。这样种植主要是市场起了大作用。“前两年豌豆、胡豆每公斤才三四元，现在每公斤七八元。几乎涨了一倍，种豌豆、胡豆有搞头，加之不愁销，农民自然就多种。”

杂粮细作

在铜梁，杂粮生产也引发了杂粮加工技术的创新。

谭镒昌，年过7旬，他经历了上千次的失败，终于研制出一种可以用来包饺子、做月饼等的特种玉米粉。谭镒昌开发的“玉米特精粉的加工方法”获得了第十八届全国发明展览会铜奖。

据谭镒昌介绍，他家住在铜梁县侣俸镇农村，老家土山宽阔，盛产玉米、红薯、土豆等粗粮。1995年，谭镒昌针对家乡盛产粗粮的情况，萌发了研究杂粮面粉的想法。由于没有专业基础，他找专家、买教材、看电视进行了研究。2007年初他花费了3万多元，耗费了5吨多面粉，在西南大学食品学院专家的指导下，进行了上千次实验后，研究的“玉米特精粉”成功问世，不但能做面条，还能做水饺、面包、月饼等。后来，他还研制出了以玉米、红苕、土豆等粗粮为主的杂粮面粉，并能用这种杂粮面粉生产精粉和粉条。

谭镒昌的发明已获得国家知识产权局的专利。一位国家知识产权局专家证实，用杂粮生产的面条、精粉质量和营养成分均优于普通面粉。

据了解，谭镒昌发明的“五谷杂粮面粉”成为了铜梁的一个新型农产品。铜梁县科委工作人员介绍，厦门的一个投资商愿意用一千万买断谭先生的专利，而缅甸一位商人也表示了浓厚的兴趣。

铜梁粮食公司：
特色龙头现雏形

·牛 尚·

通过订单、基地、品牌、加工、终端全方位出击，铜梁粮食公司融入大市场，活跃大流通，成为重粮集团骨干企业之一。

重庆粮食集团铜梁县粮食有限责任公司（以下简称“铜梁粮食公司”）是在原重庆市铜梁县粮油购销总公司米业公司的基础上，新组建的股份制农业产业化经营龙头企业，集粮油购销、储运、加工和综合贸易多种业态于一体。

“我们公司下设巴川、旧县、安居、平滩、虎峰、永嘉6个分公司和营销、工业两个专业公司，1个国家粮食储备库，1个市级粮食储备库和1个军粮供应站。”该公司总经理朱启学介绍说。此外，该公司还拥有仓容20余万吨，绿色优质粮油种植基地3个，国内一流的大米加工生产基地两个，传统工艺菜籽油生产线两条。

目前，该公司年均经营粮油20余万吨，年销售收入1.7亿元，职工收入连年递增。朱启学介绍说：“自1998年粮食流通体制改革以来，公司不断吸收、引进、消化企业管理的文明成果和先进经验，积极培养员工综合业务素质，提高员工竞争意识，走进大市场，参与大流通，规范管理、诚信经营，充分发挥了国有粮食企业的主渠道作用。”

订单固本

为推动粮食产业化经营，促进企业优质粮食产业化、基地化建设，铜梁粮食公司在该县种植结构向蔬菜、西瓜等高效农业转移的形势下，坚持从发展“订单”粮油的源头抓起，以经营种子为突破口，推动“订单”粮油发展。

通过不懈的努力，公司在当地开犁种田前和农民签订粮食订单，积极服务“三农”，助农增收，并延伸产业链。公司早在2002年就在全县开始实施“订单粮食”，以此来解决企业生产用粮和发展无公害绿色粮源基地。几年来，通过不懈的努力，铜梁粮食公司的“订单粮食”不仅在本县立足，而且已延伸到了临近的县市，形成了一定规模，基本实现了“公司+基地+农户”的经营模式。

“今年，我们签订粮食订单面积30余万亩，其中单品种优质水稻面积56000余亩。”朱启学表示。从另一方面来说，这一生产经营模式使该公司取得了良好的社会效益和经济效益，让订单农户尝到了甜头，从而为收购工作奠定了良好的群众基础。

但是，近两年来，随着粮食市场化的进一步发展，收购主体多元的进入，粮源抢夺异常激烈，致使“铜梁龙”米业订单面积呈下降趋势。为此，“我们狠抓了粮食生产基地”，朱启学表示，公司积极与铜梁农业部门联系，根据2010年全县种植单品种优质水稻面积，掌握种植的品种，种植的乡、村、地块，帮助农民落实优质水稻种植计划，使其全部纳入粮食订单的范围。“我们还在认真总结多年粮食订单的经验做法的基础上，增强工作的针对性，重点做好与种粮大户的订单签订工作。”朱启学补充道。

铜梁粮食公司一方面结合市场需求，确定公司每年“订单”粮油主推品种，通过印发宣传资料等及时将“订单”粮油种子销售信息传达到农民手中；另一方面，利用现有销售门市及职工下村社收购粮食等时机，与广大农民交朋友，大力向农民朋友宣传，引导农民生产贴近市场。此外，“他们还组织工作人员利用下村入户收粮的机会，对农户粮食种植面积、预计种植品种、产量、留粮和卖粮数量进行调查摸底，建立种粮大户信息档案。” 该公司的竞争对手表示：“这样他们就可以加强生产和信息指导，促进大户订单签订，进而辐射带动订单数量增长，并为下一步收购掌握有效的粮源信息。”

跨业经营

铜梁粮食公司跨行业经营取得新发展。其在基层分公司设立良种销售门市网点，一边供应良种，一边签订订单，引导农民种植优良品种，并承诺以高于其他品种价格收购，为企业经营提供优质的粮源保证。

为了抓好种子经营工作，铜梁粮食公司及早与正规种子经营单位合作，联合培训相关人员，及时办理种子经营相关手续。“我们通过广泛调查市场，走访农民朋友，及时掌握市场种子需求的第一手信息。”朱启学介绍说，“积极与四川国豪种业有限公司等正规种子经营单位合作，签订好代销协议。”“铜梁粮食公司这样做，可以防止各类假冒伪劣种子进入市场，进而切实地维护广大农民的利益。”一位业内人士表示。

目前，铜梁粮食公司广泛经营种子、农药、化肥等农资服务项目，取得了较好的经济效益，培育了新的经济增长点。“我们公司年均签订大春粮食订单面积30余万亩，履约率在40%以上，年均销售‘两杂’种子9000公斤，直接为订单种植农户供种面积达14000余亩。”朱启学进一步说道，通过订单、基地、品牌、加工等各方面有机联合，实现了产销对接，促进了农民增收，企业增效。

此外，铜梁粮食公司还积极推进放心粮油工程建设，公司建立了“放心粮油超市”4个，直营的“放心粮油店”46个，“该公司还采取门市直销、粮油兑换、送货上门等多种方式便民利民，农户在购买种子的同时，与公司签订‘订单’收购合同，极大地方便了农民群众。”铜梁农业部门相关领导这样评价道。

渠道为王

铜梁粮食公司实施品牌战略，搞好精深加工。“我们以培养‘绿色、安全、营养、方便’为特色的‘铜梁龙’品牌为纽带，搞好精深加工，提高产品附加值，以质量发展品牌，以品牌赢得市场，提高产品的终端市场占有份额。”在朱启学看来，企业离开这些，发展就是一句空话，所以必须重视。

经过多年不断的实践与努力，现今，“铜梁龙”品牌已通过了ISO9001-2008质量管理体系认证、食品安全生产QS标志认证，并且还获得了“绿色食品”、“放心粮油”、“全国质量稳定合格产品”、“重庆市著名商标”、“重庆市名牌产品”和“消费者喜爱产品”等荣誉和称号。

此外，铜梁粮食公司还坚持以市场为导向，大力实施“一头向农村市场延伸，一头向消费市场延伸”的“两头延伸”战略，充分发挥企业的流通网络优势，按照统筹城乡经济发展的要求，努力发展现代流通，不断加强企业农村市场体系建设，取得了明显成效。

铜梁粮食公司采取加盟连锁、股份合作、大国有小民营、专营品种风险共担等经营机制，以超市、连锁店、便民店为经营窗口，以网点为骨架，以配送为纽带，做大城镇和农村市场零售市场，年均销售粮油11万吨，较好地发挥了企业的流通主渠道作用。

目前，该公司经营网络建设得到较快发展，已形成覆盖县城、乡镇和村社的三级连锁销售网络，拥有骨干店3个，中心店15个，村级加盟连锁店150个，经营商品包括粮油及其制品、日用百货、食品、种子、农副产品等1200余个品种。“满足了消费者的不同需求，促进了县域城乡经济的协调发展，达到了农民受益、企业增效的目的。”对于这样的发展，朱启学道出了心声。

朱启学：

“粮食银行”是个双赢之举

·牛 尚·

在重庆粮食集团铜梁县粮食有限责任公司总经理朱启学看来，只有树立国有粮食企业在群众中的新形象，并且让其进一步贴近群众的生活和服务需要，才能有利于企业掌握粮源，参与多渠道竞争，并快速提升企业的市场竞争能力。

所以，他就千方百计让自己的企业向着这个目标不断前进。

在铜梁粮食主产乡镇，部分农户因存粮仓容小，有的石仓和木仓年久失修，粮食损耗率在7%左右。特别是一些外出打工的农户因家中粮食无人看管而犯愁。

对此，铜梁相关部门通过多方调查研究，决定依托完好的仓储设施和先进的储粮技术，将粮食这一特殊商品同现代银行经营管理方式相结合，推出“粮食银行”，免费解决农民存粮问题。

“把谷子存进了‘粮食银行’，我再也不担心它霉烂了。”当铜梁县小双乡农民李志强将2000公斤稻谷交到了铜梁粮食公司开办的“粮食银行”，拿到“粮食存折”后高兴地说。

据朱启学介绍：“粮食银行”有很好的仓储设施和储粮技术，既可以帮助农民减少不必要储粮损耗，降低农户的储粮风险，又可实现农户和粮食企业的“双赢”。同时，公司还承诺以不低于国家主产区粮食最低收购价的价格进行收购，农户不用担心粮食变质，也不怕粮价下滑，既放心又方便。

“只要质量标准达到国家三级及以上，且为当年产的新粮食，农户便可就近到各乡镇粮站存粮，获得‘粮食银行存折’，并且存粮期间，不收取任何费用。”朱启学道出了心里话：只要能让农民增收，再难我也要办下去。

赵晓是侣俸镇的村民，当把今年所有的新粮都存入了“粮食银行”后感慨道：不用操心粮食储存不必要的损失，想卖粮时，还可随时按市场价卖给粮站，或兑换商品，很是方便。

据介绍，农户凭“粮食银行存折”可按当时市场价将粮食全部或部分零销售给粮食部门，也可随时提走粮食做他用，或在分公司就近的“放心粮站”兑换各种商品。同时，农户还可以交加工成本费，在指定的代农加工点加工大米、玉米等农产品。此外，其标准或销售价格以当日市场价格依质兑换或销售。”朱启学说，“我们还将粮食价格或兑换商品价格上墙，同时，以短信等方式不定期为农户发送粮食购销信息。这样可以让他们在最合适时期出售粮食，从而获得更大的收益。

现今，铜梁粮食公司“粮食银行”的48个存粮点已实现信息联网，农民可在不同乡镇就近存取粮食，并且存入“粮食银行”的粮食可在铜梁县范围内“通存通兑”。截至目前，该“粮食银行”已代农储存粮食1720余吨。

后记/POSTSCRIPT

从生产、流通到加工、消费,围绕中国粮食这一主题,单学科、单作物品类的图书并不少见,但对粮食经济全面的关注却还是个“被遗漏的角落”。由《粮油市场报》编撰出品的“中国粮油书系”无意间填补了这个空白。

中国是个农业大国,中华文明的核心就是农业文明,无论是回望粮油人物撩开古老文明的一角面纱,还是探秘广袤中华大地的种植文化,无论是解码粮油企业家的财智方略,还是对粮食产业的深度观察与思考,都是在做五谷文章,都需要潜心耕耘。我们深知,只有沉下去真正感知中国粮食经济的优势、劣势和发展潜力,才能读懂中国农业,才能真正助推粮食强国。希望这些来自粮油一线的观察、解读、感知、思考,能为涉农涉粮工作者提供一点有益的启迪。

本书系的出版凝聚了所有粮油市场报人的智慧,也凝结着众多领导、专家、学者的心血。特别感谢郑州粮食批发市场董事长刘文进、总经理乔林选,正是在他们的悉心指导和大力支持下,改版后的《粮油市场报》乘势推出了《中国粮油地理》、《中国粮油财富》、《中国粮油产业》等一系列专刊、专栏,为本书系的结集出版积淀了大量鲜活、生动、深刻的素材。

在采访、报道和编撰过程中,国家粮食局、中国农业发展银行、中国粮食行业协会等涉农涉粮部门、组织和个人给予诸多指导、关怀和帮助,不少采访是在他们的直接指导下完成的。许多来自一线的粮食工作者热情出谋献策,答惑解疑,无私协助,是隐藏在文章具名背后的英雄。在成文过程中,我们还参考了一些知名专家学者的专著或论点,摘录了部分媒体记者的报道资料,他们深邃的思想、精彩的论述为文章添色良多。在此一并表示诚挚谢意。

本书系的顺利出版还得益于河南大学出版社的大力支持和精心策划,他们派出精兵强将精心编校,提出了许多真知灼见。他们的辛勤付出使本书系最终能够走进“农家书屋”,呈放在您的案头。

本书系的统筹、组稿分别如下:《中国粮油地理探秘》、《中国粮油新视点》为裴会永、白俐;《中国粮油产业观察》为石金功、宋立强;《中国粮油财富解码》为张宛丽、任敏;王丽芳承担了《中国粮油人物志》的组稿工作,并独立撰写了该书。王小娟、王勃、孙利敏为本书系设计制作了封面和插图。其他作者因文中均有具名,这里不再一一列举。

虽然编者尽了最大努力,但由于学识有限,书中仍难免存在错漏之处,敬请广大读者不吝赐教,我们将在今后的工作中尽力完善。

打造精品图书　竭诚服务三农

河南大学出版社

读者信息反馈表

尊敬的读者：

感谢您购买、阅读和使用河南大学出版社的一书，我们希望通过这张小小的反馈表来获得您更多的建议和意见，以改进我们的工作，加强我们双方的沟通和联系。我们期待着能为您和更多的读者提供更多的好书。

请您填妥下表后，寄回或发E-mail给我们，对您的支持我们不胜感激！

1.您是从何种途径得知本书的：

□书店　□网上　□报刊　□图书馆　□朋友推荐

2.您为什么决定购买本书：

□工作需要　□学习参考　□对本书感兴趣　□随便翻翻

3.您对本书内容的评价是：

□很好　□好　□一般　□差　□很差

4.您在阅读本书的过程中有没有发现明显的错误，如果有，它们是：

____

____

5.您对哪一类的图书信息比较感兴趣：

____

6.如果方便，请提供您的个人信息，以便于我们和您联系（您的个人资料我们将严格保密）：____________________

您供职的单位：____________________

您教授的课程（老师填写）：____________________

您的通信地址：____________________

您的电子邮箱：____________________

请联系我们：

电话：0371-86059712　0371-86059713　0371-86059715

传真：0371-86059713

E-mail：hdgdjyfs@163.com

通讯地址：450046　河南省郑州市郑东新区CBD商务外环路商务西七街中华大厦2304室

河南大学出版社高等教育出版分社